전통저장음식

전통저장음식

전희정 · 정희선 지음

(주)교 문 사

머|리|말

전통 저장음식은 수천 년의 시대를 거치며 생활과학이 이루어 낸 다양한 성분과 복잡한 조직을 가진 음식이다.

저장음식을 배우고 가르치면서 저장음식에는 어떤 종류가 있으며 전통적인 일상식의 조리방법과 무엇이 다른지에 대한 질문을 계속 받아 왔다. 세계적으로 신속함과 편리함을 추구하는 시대이지만 한편으로는 웰빙과 슬로푸드에 대한 관심이 고조되고 있는 가운데 우리는 세계 어느 나라에 내놓아도 뒤지지 않을 슬로푸드 중의 하나인 저장음식을 가지고 있다. 하지만 이렇게 훌륭한 우리 음식이 현재 소멸 위기에 처해 있다. 대부분의 사람들이 상품화된 저장음식에 의존하고 있기 때문이다. 이제 우리의 건강과 환경을 위해서, 또 우리의 발달된 저장음식을 세계에 알리기 위해서 전통저장음식을 제대로 알고 배워야 할 것이다.

그동안 전통저장음식을 가르칠 수 있는 교재가 변변치 않았고 구전으로 내려오는 레시피도 정확하지 않아 가정에서 저장음식을 만들기가 결코 쉽지 않았다. 이 책은 전통음식을 공부하는 학생들은 물론 실제 조리 현장에서 일하는 조리사들, 가정주부들까지도 이용할 수 있도록 이론적인 바탕과 실제 실용화될 수 있는 음식들을 모아 사진과 함께 꾸며 보았다.

이 책에서는 식초와 술을 제외한 발효 저장음식인 전통장류와 김치류, 젓갈류, 장아찌를 포함하여 장류를 이용하여 개발한 여러 가지 소스류까지 시도해 보았다. 또한 지금 우리 식생활 깊숙이 자리잡고 있는 잼, 피클과 같은 몇 가지 서양 저장음식도 소개하였다.

의욕과 열정으로 집필하였으나 부족한 점이 많으리라 여겨진다. 독자 여러분의 아낌없는 조언을 기대하며 부족한 점은 계속 수정 · 보완하여 나갈 것을 약속드린다. 마지막으로 이 책이 출판되기까지 수고를 아끼지 않은 강정민 선생과 사진 촬영에 도움을 준 김민정 선생, 그 외 여러 연구원들에 감사의 말을 전한다. 마지막으로 (주)교문사 류제동 사장님 이하 편집부 직원 여러분께 감사드린다.

2009년 4월
저자

차례

제1장 전통저장음식의 이해

제2장 장 류

제3장 김 치

제4장 젓갈 · 식해

제5장 장아찌 · 장과

제6장 건조식품

제7장 당장 · 염장식품

제8장 기타 저장식품

제1장

전통 저장음식의 이해

제1장

전통저장음식의 이해

1. 저장음식

사계절이 있는 우리나라에서는 전통적으로 저장식품을 장만하는 것이 생활의 큰 비중을 차지하고 연중행사의 선후를 가려 실행해야만 살아가는 것으로 인식되어 있었다.

조선시대 가정에서는 예부터 3~4회 반찬 준비를 큰일로 삼고 있었다는 설명이 《조선요리학》(朝鮮料理學, 1940)에 서술되어 있다. 계절별로 봄에는 간장, 고추장을, 여름에는 새우젓, 조기젓 등 젓갈류를, 가을에는 김장을 했다.

식생활을 하는 데 식품의 선택은 시대와 지역, 계절, 음식 섭취 상태에 따라서 달라진다. 생산된 식품은 즉시 신선한 상태로 이용할 수도 있고, 보관하였다가 조리하거나 가공해서 이용할 수도 있다. 이와 같이 식품이 이용될 때에는 생산된 상태가 변화되지 않는 경우보다는 시간이 경과함에 따라 그 모양과 품질의 변화가 생기는 경우가 많다.

저장음식이란 생산된 식품을 가공 없이 보존했다가 먹을 수 있는 상태로 유지하거나 가공 조리하여 보존한 후 먹을 수 있는 상태로 만든 식품을 말한다. 즉, 그 식품의 품질이 저장기간에도 변하지 않도록 한 상태와 변화되었어도 그 가치를 유지할 수 있도록 한 넓은 의미의 먹을거리를 말한다.

식품의 저장기간을 효율적으로 연장하는 것은 저장음식의 궁극적 목표로, 그 식품을 보관하는 그릇이나 포장방법, 가공 조리를 하여 만들어진 음식의 조직감(texture)과 색(color), 향(flavor), 영양가(nutritional value) 등을 보전 또는 유지 발전시키는 방법을 연구해야 한다.

저장음식이라는 테두리 안에서 식품의 가공과 저장을 명확히 구별하는 것은 쉽지 않으나 편의상 정의를 간단히 설명하면 다음과 같다.

- **식품의 저장** : 식품의 원재료를 일정한 기간 동안 그대로 또는 적절히 가공한 상태로 보존하여 식품의 변질 및 부패를 방지하는 것이다.
- **식품의 가공** : 식품의 원재료를 물리적 · 화학적 방법으로 처리하여 식품의 품질을 향상시키고 이용가치를 높여 식생활을 풍족하게 하는 것으로, 식품에 어떤 처리를 하여 먹기에 알맞도록 가공 조작하는 것을 의미한다.

전통음식을 연구하는 입장에서 한국 저장음식의 종류 및 저장방법 기술을 습득하여 우리 음식을 보존 · 발전하고, 외국의 훌륭한 저장음식을 배워 보다 폭넓은 음식 저장방법을 모색하고 향상시키려는 노력이 필요하다.

(1) 식품의 가공 · 저장 목적

사람이 생명을 유지하기 위하여 섭취하는 식물(食物)은 일반적으로 종류에 따라 생성시기가 일정한 기간에 이루어지고 있으며 생산된 이후 수확량이 변동되기 때문에 대개는 변질 부패하기 쉽다. 따라서 안정된 식생활을 영위하기 위해서는 식품재료를 가공하여 먹기 쉽도록 해야 할 뿐만 아니라 알맞은 방법으로 저장하고, 식량이 부족한 계절이나 지역에 분배하여 보존성을 부여할 필요가 있다. 즉, 식품을 가공 · 저장함으로써 식품 자체의 안정성 확보와 영양 및 기호성, 경제성이 우수한 식품으로 이용가치가 향상될 수 있도록 해야 한다.

식품의 가공 · 저장 방법도 이전과 달리 대형화되고, 가정에서 소규모 가공 처리하는 경우가 현저히 감소하여 전통적인 저장음식의 맛과 종류를 찾아보기 힘든 추세에 있다. 옛날부터 전해져 내려온 각 가정의 전통저장음식은 영양과 위생을 고려한 각종 식품의 가공 · 저장 방법을 이

각종 식품의 보존성

구분		보존 유지가 짧은 식품	보존 유지가 긴 식품
천연식품	식물성 식품	엽채류, 과채류, 과실류	곡류, 근채류, 종실류, 두류, 서류
	동물성 식품	우유, 육류, 어패류, 달걀류	분유, 멸치류, 육포
가공식품	농산가공	두부, 도토리묵, 청포묵	장류 저장품, 건조식품, 각종 가루제품, 당절임제품, 조미가공품, 마요네즈
	수산가공	어묵, 굴비, 훈제어육	굴비장아찌, 암치, 어란, 미역, 김
	축산가공	버터, 치즈, 햄, 소시지	훈제포장제품, 통조림

용한 것으로 보존성을 향상시키기 위한 최고의 기술 개발 연구가 필요하다.

(2) 식생활과 저장음식

식품이 가공 조리되어 저장되는 종류는 농산물, 축산물, 수산물 그리고 가공유지 등으로 분류할 수 있다.

가공 정도에 따라 단순한 처리만 하는 것과 여러 단계를 거쳐 복잡하게 가공되는 것이 있다. 가정에서 처리되는 전통저장음식의 단계는 그렇게 복잡하지 않고 2~3차 단계를 거쳐 저장되는 음식이 많다.

1차 가공은 식품을 세척과 포장을 통해 짧은 기간 동안 식품을 온전히 보존하는 단계로, 상품으로 지니는 가치의 단계는 크지 않다. 2차 가공은 식품을 자르고 조미하여 발효 등의 과정을 거치는 단계이며, 3차 가공은 식품을 병이나 특수 용기에 담아 알맞은 저장 장소에 보관하는 저장단계를 말한다.

핵가족화와 도시화, 공업화의 영향으로 생활시간의 큰 변화는 식습관 변화에도 영향을 주었다. 외식 증대와 편의식품 증가로 식생활은 옛 생활에 비해 편리해졌으나 수제 식품을 선호하고 전통식품으로 만족을 얻으려는 욕구는 증가하고 있다.

그러므로 가공조리식품을 선택할 때 저장성과 편의성, 다양성을 모두 충족할 수 있는 전통저장음식이 연구·개발되어야 할 것이다.

2. 식품의 성분과 이화학적 변화

사람이 양식으로 매일 섭취하는 식품은 건강유지를 위해 필요한 다양한 성분과 복잡한 조직으로 구성되어 있어 조리·가공·저장 단계에서 여러 가지 변화가 일어난다.

식품의 성분은 수분, 탄수화물, 단백질, 지질, 비타민, 무기질이 포함된 일반성분과 색, 향, 맛, 효소, 독성성분 등 미량의 특수성분으로 나눌 수 있다.

식품의 일반성분은 6대 영양소라 하여 그 기능에 따라 크게 두 가지로 분류될 수 있다. 탄수화물, 단백질, 지질과 같이 에너지원이 되는 열량영양소와 비타민, 무기질, 물과 같이 영양소들의 대사를 조절해 주는 조절영양소로 나뉜다.

가공·저장 식품을 만들기 위해서는 식품을 한 종류 이상 사용해야 하는데, 식품재료에 함유된 성분이나 영양소가 다양하게 변하므로 이에 대한 복합적인 지식이 요구된다.

(1) 수 분

수분은 식품의 주요 구성성분으로 여러 가지 형태로 존재한다. 과일, 채소, 육류 등의 세포 내 또는 세포 외에서 액체 상태로 존재하고 버터나 마가린에서는 분산상으로 존재한다.

식품 내의 수분함량은 식품의 성질, 외관, 관능적 품질 등에 크게 영향을 준다. 모든 동식물성 식품에는 수분이 함유되어 있고 함량의 차이가 있다. 육류의 경우 수분함량이 63%이나 나머지 37% 고형성분 중 단백질 함량이 가장 높으므로 단백질식품이라 할 수 있다.

수분은 식품의 텍스처에 중요한 역할을 하지만 화학적 · 미생물학적 변질과 부패의 원인이 되기도 하므로 물의 성질이나 작용을 이해하는 것이 중요하다.

유리수와 결합수

식품 속에 존재하는 물은 자유롭게 운동할 수 있는 물인 유리수와 식품 성분에 결합한 결합수로 구분할 수 있다. 유리수는 자유수라고도 하며, 식품을 건조시키면 쉽게 제거되고 0℃ 이하에서 얼게 되는 보통 형태의 물로, 식품 내에서 여러 성분들의 용매로 작용한다. 그러나 결합수는 식품 내의 구성성분과 강하게 흡착되어 있거나 수소결합에 의해 밀접하게 결합하고 있어 보통의 방법으로는 쉽게 제거되지 않는다. 100℃ 이상 가열하여도 제거되지 않고 0℃ 이하에서도 잘 얼지 않으며, 용매로 작용하지 않고 미생물의 번식에 이용되지 못한다. 건조식품에서 수분은 강하게 흡착된 결합수의 형태로 존재한다.

수분활성도

수분활성도(water activity : Aw)는 식품 성분에 회합되어 있는 물의 강도를 표시한 것으로 같은 온도에서 순수한 물의 증기압(P_0)에 대한 식품에 함유된 수분의 증기압(P)의 비이다.

일반적으로 한 식품의 수분활성은 그 속에 함유된 용질의 종류와 그 양에 따라 다르게 되며, P는 P_0보다 적어서 수분활성도는 1보다 작게 된다. 따라서 순수한 물의 수분활성도는 1이고, 용

주요 식품의 수분량

단위 : %

수분이 많은 식품		수분이 적은 식품		가공식품	
채 소	85~96	곡 류	12~16	말린 북어(황태)	10.6
과 일	80~90	콩 류	12~16	말린 대추	17.2
생선류	70~85	녹 말	9.5~18.0	곶 감	30.1
육 류	60~70	설 탕	0~1.7	말린 표고버섯	23.9
난 류	73~70	마른 국수류	8~13	옥수수튀김	7.4

자료 : 농촌진흥청(2001). 식품성분표.

액에 있는 수분의 수분활성도는 1 이하가 된다. 채소, 과일, 어류 등과 같은 식품은 수분함량이 많고 용액의 농도가 비교적 낮기 때문에 수분활성도는 0.98~0.99 정도로 상당히 높다.

세균, 효모, 곰팡이 등은 수분활성도가 높을수록 성장 · 번식을 잘하기 때문에 수분활성도가 높은 식품들은 비교적 빨리 부패한다. 따라서 건조법, 냉동법, 염장법, 당장법 등과 같은 식품저장법을 이용하여 수분활성도를 저하시켜 미생물의 성장을 저해할 수 있다.

수분활성도와 상대습도와의 관계를 보면, 상대습도(relation humidity : RH)는 실질적으로 식품에 있어서 수분활성도의 정의와 같으므로 상대습도는 바로 그 상대습도와 평형을 이루고 있는 식품의 수분활성도의 100배와 같다. 공기 중에 식품을 놓아두면 수분이 증발하는 탈수현상이 일어나거나 반대로 공기 중의 수분을 흡수하는 현상이 생긴다. 이것은 식품의 수분활성도와 상대습도의 관계에 의한 것이다. 사과를 따뜻한 실내에 며칠간 방치해 두면 점차 수분이 증발하여 시들어버리지만 설탕에 졸여서 건조시킨 사과는 동일한 조건에서 오히려 수분을 흡수할 수도 있다.

물의 경도

물은 무기염의 함량에 따라 경수와 연수로 구분된다. 경수는 칼슘염과 마그네슘염 등이 비교적 많이 들어 있는 물로 일시적 경수와 영구적 경수가 있다. 일시적 경수는 칼슘이온과 마그네슘이온이 주로 탄산염[$Ca(HCO_3)_2$, $Mg(HCO_3)_2$] 형태로 들어 있어 가열하면 칼슘이나 마그네슘이온이 앙금($CaCO_3$, $MgCO_3$)이 되어 침전하여 연수로 변한다. 반면, 영구적 경수는 탄산염이 아닌 염화물($CaCl_2$, $MgCl_2$)이나 황산염($CaSO_4$, $MgSO_4$) 형태로 존재하여 가열해도 칼슘이나 마그네슘이온은 침전하지 않는다. 연수는 무기염이 거의 함유되어 있지 않은 물이다.

경수에 함유된 무기염은 조리에 영향을 준다. 경수로 차를 끓이면 경수의 무기염과 차의 탄닌이 반응하여 차를 혼탁하게 하고, 경수에 마른 콩을 넣어 가열하면 칼슘이 콩의 수분 흡수와 연화를 방해하여 쉽게 물러지지 않는다.

(2) 탄수화물

탄수화물(carbohydrate)은 탄소, 산소, 수소의 세 가지 원소로 구성되어 있고, 수소와 산소의 비율이 2 : 1로 조성된 물질이다. 탄수화물은 우리가 주식으로 하는 쌀, 보리, 밀, 옥수수, 감자, 고구마 등 식물성 식품의 대표적인 구성성분이며, 분자의 크기에 따라 단당류, 이당류, 다당류로 분류한다. 단당류와 이당류는 결정체를 형성하지 않고 수용성으로 단맛을 갖고 있으며, 다당류는 결정체를 형성하고 물에 녹지 않으며 단맛도 없다.

생체는 끊임없이 에너지원을 필요로 하는데, 대부분(55～65%)을 탄수화물로 충당하며, 당지질・당단백・핵산 등 체내에서 중요한 작용을 하는 물질의 구성성분으로 쓰이기도 한다.

※ 탄수화물의 분류

탄수화물은 결합한 당의 개수에 따라 단당류(monosaccharide), 이당류(disaccharide), 다당류(polysaccharide)로 나누어진다. 단당류에는 포도당, 과당, 갈락토오스 등이 있고, 이당류에는 맥아당, 유당, 자당 등이 있으며, 다당류에는 전분, 글리코겐, 섬유소, 펙틴, 검질 등이 있다.

단당류

- **포도당**(glucose, $C_6H1_2O_6 \cdot H_2O$) : 영양상・생리상 가장 중요한 당으로 포도를 비롯한 과실에 많이 있다. 포도당은 대부분 체내 대사에 이용되며, 특히 중추신경계 세포들의 주요 에너지원이다.

  포도당은 혈당수준(0.1%, 80～120mg/100mL) 유지가 중요한데, 혈당량에 변화가 생기면 간뇌의 조절중추에서 이를 감지하고 자율신경과 호르몬을 조절하여 적절한 혈당을 유지시킨다.

- **과당**(fructose, $C_6H1_2O_6$) : 과실이나 벌꿀에 많이 들어 있고, 당류 중 단맛과 용해도가 가장 큰 당이다. 주로 포도당과 결합하여 설탕을 이루고 있고, 돼지감자의 뿌리, 달리아의 뿌리에 존재하는 이눌린(inulin)을 구성하고 있어 설탕에 산을 가하여 가수분해하거나 다당류인 이눌린을 가수분해시키면 포도당과 함께 얻어진다.

- **갈락토오스**(galactose) : 갈락토오스는 유리 상태로는 존재하지 않으나 갈락탄(galactan)으로 해조류와 식물의 검(gum)질에 들어 있고, 동물의 유즙에 포도당과 결합하여 유당(lactose)을 형성하고 있다.

- **만노스**(mannose) : 유리 상태로는 거의 존재하지 않고 다당류인 만난(mannan)의 구성성분으로 곤약 및 식물의 뿌리에 들어 있으며, 발효성이 있다.

이당류

- **맥아당**(maltose, $C_{12}H_{22}O_{11}$) : 전분을 산이나 아밀라아제(amylase)로 가수분해하면 생성되고, 생성된 맥아당은 산 또는 말타아제의 작용으로 가수분해되어 2분자의 포도당을 생성한다. 한쪽 포도당의 카르보닐기가 결합에 쓰이지 않고 남아 있어 환원성 성질을 나타낸다. 물엿에 다량 함유되어 있으며, 맥아나 발아 중인 곡류에도 함량이 높다.

- **유당(젖당**, lactose, $C_{12}H_{22}O_{11}$) : 포유동물의 젖에만 존재하고 식물체에는 존재하지 않는다. 다른 당류보다는 물에 잘 용해되지 않고 단맛도 적으며 가수분해하면 포도당과 갈락토오스가 된다. 신생동물의 성장과 뇌신경조직에 중요한 역할을 하고, 장내 유산균의 번식을 도와 정장작용 내지는 구리의 흡수를 돕는다. 환원성이 있으며, 일반 효모에 의해서 발효되지 않는다.

- **자당(설탕**, sucrose, $C_{12}H_{22}O_{11}$) : 포도당 한 분자와 과당 한 분자가 결합한 당으로 비환원당이다. 설탕이라고도 하며 식물계에 널리 분포되고 사탕수수(10~16%), 사탕무(13~17%)에 그 함량이 높아 여기서 얻은 즙을 농축하여 결정화하고 정제되어 만들어진다.

  단맛을 갖고 있는 설탕은 묽은 산이나 효소(invertase, sucrase, saccharase)에 의하여 포도당의 알데히드기와 과당의 케톤기가 결합된 부분이 쉽게 가수분해되어 포도당과 과당이 동량 생산된다.

  이와 같이 생성된 포도당과 과당의 동량 혼합물을 전화당(invert sugar)이라고 한다. 전화당은 벌꿀에 많이 들어 있고, 단맛은 설탕보다 강하며 환원력과 용해도가 크다.

$$C_{12}H_{22}O_{11} + H_2O \xrightarrow[\text{ptyalin}]{\text{invertase}} \underbrace{\underset{\text{포도당}}{C_6H_{12}O_6} + \underset{\text{과당}}{C_6H_{12}O_6}}_{\text{Inverted sugar}}$$

다당류

- **전분(녹말**, starch) : 전분은 포도당으로 구성된 다당류로서, 식물체 내에서 탄소동화작용으로 합성되어 주로 종자, 뿌리 등에 에너지원으로 저장된다. 곡류, 감자류 등에 다량 함유되어 있으며 우리 몸의 신진대사에 주된 에너지원이다. 전분은 식물의 잎 속에 있는 엽록소(클로로필)에 의해 이산화탄소와 물을 원료로 하여 광합성되며 보통은 식물체 안에서 즉시 이용되나, 그 식물의 성숙기에는 저장소에 대량으로 저장된다. 식물체는 포도당을 직선상 또는 가지 모양으로 연결하여 포도당 중합체를 만든 후 뿌리 또는 열매에 저장한다.

  전분 분자는 아밀로오스와(amylose)와 아밀로펙틴(amylopectin)의 두 형태가 있다. 아밀로오스는 포도당이 일직선으로 결합(α-1, 4결합)되어 형성된 것이고, 아밀로펙틴은 포도당이 일직선으로 결합되다가 여기저기 가지를 쳐서(α-1, 6결합) 마치 큰 나무와 같은 구조를 하고 있는 것이다.

  전분의 아밀로오스와 아밀로펙틴의 함유량은 식물의 종류에 따라 다르다. 연구자들의 연구 결과에 따라 다소 다르나 일반적으로 쌀의 전분은 14~17%, 밀은 19~25%, 옥수수는

23~28%, 감자는 20~22%, 고구마는 15% 내외의 아밀로오스가 함유되어 있다.

즉, 대부분의 전분 분자는 약 17~22%의 아밀로오스와 78~83% 정도의 아밀로펙틴으로 구성되어 있다. 찹쌀과 찰옥수수의 전분은 대부분 아밀로펙틴으로 되어 있고, 아밀로오스는 0~6% 정도로 거의 없거나 아주 적다.

- **덱스트린**(dextrin) : 전분을 산이나 효소로 가수분해할 때 포도당이나 맥아당이 되기 전에 생성되는 전분의 가수분해 중간산물을 덱스트린이라고 한다. 덱스트린은 일반적으로 물에 녹고, 전분처럼 젤을 형성하지 않으며 단맛을 가지고 있다.
- **글리코겐**(glycogen, animal starch) : 동물의 저장탄수화물로 체내의 간장과 근육에 저장되어 있으며 세포 내의 원형질에 존재한다. 글리코겐의 구조는 아밀로펙틴과 비슷하나 가지가 더 많고 사슬의 길이가 짧다. 글리코겐 가수분해효소(glycogenase) 또는 아밀라아제의 작용으로 말토오스(maltose)를 생성한다. 글리코겐은 무정형의 분말로 맛과 냄새가 없고 호화나 노화현상이 일어나지 않으며, 찬물에 녹아 교질용액을 만든다.
- **섬유소**(cellulose) : 섬유소는 모든 식물 세포벽의 구성성분으로 자연계에 널리 분포되어 있는 탄수화물이다.

  섬유소는 β-1, 4결합에 의한 직쇄상의 글루코오스 중합체로 되어 있는데, 인체 내에서는 이 결합을 분해시키는 효소가 없기 때문에 열량은 얻을 수 없다. 그러나 장의 연동운동을 촉진하는 기능을 가지고 있어 배설에 도움을 준다. 초식동물은 분해효소를 가지고 있어 에너지원으로 이용된다. 섬유소는 소화가 되지 않기 때문에 저칼로리 식품을 제조하는 데 사용되며 염색성이 좋아서 착색안료를 만들어 식품을 착색시키는 데 사용된다. 또한 보향성이 좋아서 휘발성이 강한 향기성분을 흡착하거나 유지시키는 데 이용된다.
- **헤미셀룰로오스**(hemicellulose) : 헤미셀루로오스는 셀루로오스와 유사하나 그 분자 구조나 크기 등이 일정하지 않은 한 그룹의 다당류에 대한 이름으로 식물세포의 세포막 구성성분으로 존재한다. 중요한 특징은 알칼리에 비교적 잘 녹는 성질이 있다. 세포벽에 존재하는 섬유소와 펙틴 이외의 것을 말하며 크실로오스(xylose)와 글루쿠론산(glucuronic acid)의 유도체가 주성분으로 되어 있고 알루코오스(alucose), 아라비노오스(arbinose), 만노오스(mannose), 람노오스(rhamnose), 푸코오스(fucose) 등이 성분으로 보고되어 있다.
- **이눌린**(inulin) : 프룩토오스(fructose)의 중합체로 돼지감자, 달리아 뿌리 등에 존재하며 산이나 가수분해 효소인 이눌라아제(innulase)에 의해서 프룩토오스를 생성한다. 사람의

소화기관에는 분해효소가 없으며 위액 염산에 의해 약간 분해된다. 찬물에는 녹지 않고 뜨거운 물에는 잘 녹는다.

- **펙틴**(pectin) : 펙틴은 식물의 세포벽이나 세포막 사이 물질을 결착(cementing materials)시켜 주는 물질로 작용한다.

  펙틴 물질은 식물의 뿌리, 줄기 또는 과실류의 조섬유질(crude fibers), 해조류의 성분으로 존재하며, 갈락투론산(galacturonic acid)이 주도체로 펙트산(pectic acid), 펙틴산(pectinic acid), 프로토펙틴(proto pectin) 등과 메틸 에스테르(methyl ester)되어 있는 폴리 갈락트론산(poly galactronic acid)으로서 교질성을 갖고 있다. 산(acid)과 당(sugar)이 존재하면 겔(gel) 상태로 되는데, 이런 점을 이용하여 만든 것이 잼(jam)과 젤리(jelly)이다.

  펙틴은 과일류 중 사과, 레몬, 오렌지 등과 같은 감귤류의 껍질과 사탕무에 특히 많이 들어 있다.

※ 탄수화물의 변화

식품을 저장하는 동안 탄수화물은 주어지는 요인에 의해 성분의 변화가 일어난다. 저장을 위한 조리 가열 시 입자구조의 파괴와 전분의 호화, 수소결합의 구조변화 등이 일어나고, 산 · 알칼리의 처리와 같은 화학적 방법과 냉동고에 저장하는 냉온 처리, 심한 압력을 가하는 경우, 건조 등에도 탄수화물은 변화를 일으킨다.

호 화

전분의 구조는 전분입자의 모양과 크기에 따라 결정되며 식품에 따라서 각각 고유한 모양을 가지고 있다. 전분의 크기는 보통 5~150μm로 전분 종류에 따라 크기가 다르고 정상적인 전분입자들은 10~17% 정도의 수분을 함유하고 있다.

전분(녹말)의 입자는 찬물 속에서 일부가 흡수되는 수화현상이 일어나고 가열하면 미셀(micell)을 형성하는데, 실온에서 자체 무게의 약 40~60%의 물을 흡수하는 능력을 가지고 있으며 온도가 높아지면 물을 흡수하는 양이 많아지고 팽윤속도가 빨라진다. 따라서 전분을 물에 넣고 가열하면 점도가 많고 은백색의 콜로이도 용액이 만들어지며 겔(gel) 상태가 된다.

이와 같은 변화를 전분의 호화(gelatinization)라 하며 호화된 전분을 α-전분이라 한다. 호화에 영향을 주는 요인은 다음과 같다.

- **전분의 종류** : 일반적으로 전분 입자의 크기가 작고 단단한 구조를 가지고 있는 곡류 전분이 호화온도가 높은 편이고 감자, 고구마 등의 서류 전분은 호화온도가 낮은 편이다.

- **수분함량** : 수분함량이 많을수록 호화는 용이하고, 수분함량이 적을수록 호화는 지연된다. 전분 현탁액의 농도가 낮을수록, 또 가열온도가 높을수록 전분입자의 변화가 크며 호화도가 높다.
- **설탕** : 물에 대한 용해성이 매우 큰 설탕은 물분자에 대하여 전분입자와 경쟁적으로 수화하려 한다. 따라서 설탕의 농도가 낮은 경우에는 별 영향이 없지만 설탕의 농도가 20% 이상, 특히 50% 이상인 경우 호화가 크게 억제되고 점도가 저하된다.
- pH : 알칼리성에서는 전분의 팽윤과 호화가 촉진된다. 전분 현탁액에 수산화나트륨(NaOH)을 넣은 경우 그 농도가 충분하면 가열하지 않아도 호화가 일어난다. 반면에 산의 호화촉진작용은 미약할 뿐만 아니라 pH 3 이하의 강산의 경우에는 산에 의한 가수분해가 일어나 점도가 현저하게 감소한다.
- **염류** : 대개의 염들은 팽윤을 촉진시켜 전분의 호화온도를 내려 줌으로써 호화를 촉진하는 팽윤제로 작용한다. 이들 팽윤제는 적당한 농도에서는 실온에서도 전분을 호화시킬 수 있다. 그러나 황산염만은 오히려 호화를 억제하는 경향이 있다.

겔 화

전분입자가 호화되면 물의 힘에 의하여 질서정연하게 배열되어 있던 전분분자들이 흩어져 되돌아갈 수 없을 정도로 질서가 깨지게 된다. 따라서 전분입자의 모양이 변하고 때에 따라서는 조각이 떨어지기도 하여 전분용액의 점성이 강해진다. 이 용액이 식으면 아밀로오스 분자의 운동에너지보다 크기 때문에 아밀로오스 분자들은 서로 재결합하거나 또는 전분입자의 외곽에 있는 아밀로펙틴 분자의 가지에 결합하게 된다. 그 결과 아밀로오스는 팽윤한 전분입자를 서로 연결시켜 입체적 망상구조를 형성하게 되고 전분 겔 속의 물은 그 망상구조 안에 존재 한다. 부분적으로 이런 현상이 일어나는 것을 '겔화(gelation)한다' 또는 '굳는다' 고 한다.

겔은 아밀로오스에 의하여 형성되므로 아밀로오스를 함유하고 있는 쌀 전분이 아밀로펙틴만으로 구성되어 있는 찹쌀전분보다 겔화가 빨리 일어난다. 겔은 전분의 종류에 따라 단단하게 굳어 칼로 베었을 때 깨끗하게 썰어지는 것도 있고, 굳기는 했으나 단단하지 않은 것도 있다.

전분으로 풀을 쑨 후 시간이 경과함에 따라 겔의 강도가 차차 강해지지만, 16시간이 경과하면 그 강도가 차차 떨어진다. 전분 겔은 결정영역 사이에 있는 비결정영역 때문에 구부리거나 흔들면 부서지기 전에 어느 정도 유동성이 있어 그 모양을 유지한다. 이는 비결정영역에 있는 전분분자들이 제한된 한도 내에서 늘어나기도 하고 줄어들기도 하기 때문이다.

노 화

노화(retrogradation)는 전분의 호화(α화)에 대한 상대적인 용어로서 β화 또는 결정화라고도 한다. 노화는 팽윤된 전분이 수축되는 과정으로 응집과 조직화로 겔(gel)을 실온에 두었을 때 색깔이 불투명해지며 점도가 감소되고 불용성의 덩어리를 형성하는 과정이라 할 수 있다. 노화에 영향을 주는 요인은 다음과 같다.

- **전분의 종류** : 입자 크기가 작은 곡류 전분은 노화가 쉽게 일어나고 서류 전분의 노화는 속도가 느린 편이다.
- **수분함량** : 전분의 노화는 수분함량이 30~60%일 때 가장 빨리 일어나고, 15% 이하로 낮아지거나 너무 높을 때에는 잘 일어나지 않는다.
- **온도** : 전분의 노화는 온도가 60℃ 이상이거나 빙점 이하에서는 잘 일어나지 않으나 0~60℃ 사이에서는 온도가 낮을수록 노화속도가 빨라진다. 따라서 전분의 노화는 0~4℃의 냉장온도에서 가장 쉽게 일어난다.
- pH : 알칼리성에서는 노화가 매우 억제되며, 강한 산성에서는 노화속도가 현저히 촉진된다.
- **염류** : 무기염류는 일반적으로 호화는 촉진하고 노화는 억제하는 경향이 있다. 그러나 황산마그네슘($MgSO_4$) 같은 황산염은 노화를 촉진하고 오히려 호화를 억제한다.

호화된 전분이 노화되면 전분질 식품의 품질이 저하되므로 노화를 억제할 필요가 있다. 전분의 노화를 방지하는 방법에는 수분함량을 15% 이하로 낮추거나, 온도를 0℃ 이하로 낮추어 식품 내 수분을 동결시키는 방법 등이 있다.

전분의 호정화

전분에 물을 가하지 않고 160~190℃ 이상으로 가열하면 가용성 전분을 거쳐 다양한 길이의 덱스트린으로 분해되는데, 이러한 변화를 호정화(dextrinization)라 한다.

물을 가하지 않은 가열에 의해 전분이 분해되어 생성된 덱스트린을 피로덱스트린(pyrodextrin)이라 한다. 이 덱스트린은 황갈색으로 약간 씁쓸하고 물에 잘 용해되며 점성은 약하다. 루(roux)는 서양요리에서 소스나 수프를 걸쭉하게 하기 위해 밀가루를 버터로 볶은 것을 말한다. 밀가루에 물을 섞지 않고 볶기 때문에 밀가루 전분의 분자가 열에 의해서 파괴되어 피로덱스트린으로 변한다. 피로덱스트린은 점성이 낮기 때문에 전분이 피로덱스트린으로 분해되면 끈기가 없어지고 보슬보슬해진다. 덜 볶아지면 호정화가 제대로 일어나지 않아 수분을 가했을 때

밀가루 냄새가 나고 끈기가 생긴다. 또한 식빵을 토스터에 구울 때, 기름에 밀가루 음식이나 빵가루를 입힌 음식을 튀길 때, 쌀이나 옥수수를 튀길 때에도 전분의 호정화가 일어난다.

당 화

전분은 산, 알칼리, 효소 등에 의하여 가수분해된다. 음식을 만드는 과정에서 주로 산과 효소에 의해 전분의 가수분해가 진행된다. 전분에 산을 넣고 가열하거나 효소 또는 효소를 가지고 있는 엿기름 같은 물질을 넣고 효소의 최적 온도로 맞추어 주면 전분이 서서히 가수분해된다. 이러한 과정을 전분의 당화(saccharification)라 한다. 전분을 당화시켜 만든 음식에는 식혜, 엿, 콘시럽 등이 있다.

전분의 가수분해 효소 중 조리와 관계가 깊은 효소는 α-아밀라아제, β-아밀라아제이다.

α-아밀라아제는 전분 α-1, 4 결합을 무작위로 가수분해하고, 주로 저분자량의 덱스트린 및 소당류를 생성하여 투명한 액체 상태로 만들기 때문에 일명 액화효소라 한다. 이 효소는 발아 중인 곡류에 많고 타액에도 존재한다.

β-아밀라아제는 전분의 α-1, 4 결합을 비환원성 말단에서부터 맥아당 단위로 가수분해한다. 고구마, 엿기름, 타액 등에 많이 존재하며, 주로 맥아당을 생성하여 당도를 증가시키므로 일명 당화효소라 한다.

설탕의 용해성과 방부효과

설탕은 물에 잘 녹으며 상온에서 60~67% 이상 용액을 만드는 용해성을 가지고 있다.

식품에 설탕을 넣으면 삼투압 작용에 의해서 식품의 수분이 빠져나오고 가열하게 되면 수분을 빨리 증발시킬 수 있으며 세균의 원형질을 분리시키므로 미생물의 생육을 억제시키는 방부효과를 가져온다.

캐러멜화

설탕이나 물엿을 주원료로 하는 캔디류(사탕)나 빵류, 크래커, 비스킷, 간장 등은 모두 캐러멜 반응을 이용한 색깔과 향미를 가진 식품이다.

보통 고온에서 당류 또는 고농도의 당류 수용액을 가열할 때 처음에는 환원당의 탈수로 시작하여 무색의 전분질 중간물질을 만들고 이 물질들이 피롤화(pyrolyzed)되어 검은 갈색의 고분자 색소를 생성한다.

이와 같이 캐러멜화는 당의 열분해와 중합반응 등에 의해서 생긴다.

(3) 단백질

단백질이 풍부한 식품은 일반적으로 동물성 식품이고 식물성 식품에서는 대두를 중심으로 만든 식품이 주를 이룬다.

단백질은 동식물에 있는 세포 원형질의 주성분으로 생명에 관계되는 중요한 물질이며, 복잡한 구조를 가진 질소 화합물이다. 또한 탄소, 수소, 산소, 질소 등의 원소로 구성되어 있고, 수많은 아미노산이 펩타이드 결합에 의해 연결되어 있는 화합물로, 체내에서는 1g당 4.1cal의 열량을 방출한다.

단백질은 여러 가지 관점에서 분류할 수 있는데, 조성 및 용해도에 따라 단순 단백질, 복합 단백질, 유도 단백질로 분류한다. 구조와 형태에 따라 섬유상 단백질, 구상 단백질로 분류하며, 영양가에 따라 완전 단백질, 불완전 단백질로 분류한다. 여기에서는 단순 단백질, 복합 단백질, 유도 단백질을 오른쪽의 표로 간략하게 살펴보기로 한다.

※ 단백질의 변성

변성은 단백질의 고차구조를 유지하는 결합이 끊어져 원래의 상태와 다른 구조로 변형되어 변화하는 현상을 말하며, 변성이 일어나면 원래 단백질이 가지고 있던 성질을 잃어버리게 된다. 단백질이 변성되는 주요 요인은 가열, 동결, 건조 등의 물리적 작용과 산, 알칼리, 염류 등의 화학적 작용으로 구분할 수 있다.

가열에 의한 변성

육류, 어패류, 달걀 등은 60~70℃로 가열하면 응고한다. 이것은 가열로 증가된 유리 활성기의 일부가 다른 분자와 새로운 분자 간 결합을 형성하여 회합이 일어나고, 회합의 정도가 커지면서 침전이 일어나기 때문이다.

가열에 의한 변성은 온도, 수분, pH, 전해질 등에 의해 영향을 받는다.

단백질의 열변성 온도는 단백질의 종류와 조건에 따라 다르나 일반적으로 60~70℃에서 일어나며, 온도가 높아지면 변성 속도가 빨라진다. 달걀 단백질인 오브알부민(ovalbumin)의 경우 가열하여 58℃에 이르면 응고하기 시작하여 62~65℃에서 유동성이 없어지고, 70℃에서 완전히 응고된다.

단백질에 수분이 많으면 비교적 낮은 온도에서 열변성이 일어나지만 수분이 적으면 높은 온도에서 변성이 일어난다.

단백질의 가열에 의한 변성은 pH에 의해서도 영향을 받는데, 변성은 등전점에서 가장 잘 일

단백질의 분류

구분		종류
단순 단백질	Albumin	ovalbumin(난백), lactalbumin(우유), serum albumin(혈청), myogen(근육), leucosin(alf), legumelin(두류), ricin(피마자)
	Globulin	ovoglobulin(난백), lactoglobulin(우유), serum aglobulin(혈청), fibrinogen(혈장), myosin(근육), vitellin(난황), glycinin(대두), tuberin(감자), legumin(완두)
	Glutelin	glutenin(alf), oryzenin(쌀), hordein(보리)
	Prolamin	zein(옥수수), gliadin(밀), hordein(보리)
	Albuminoid	collagen(동물성 결합조직), keratin(동물성 결합조직), elastin(인대)
유도 단백질	1차 유도단백질	응고단백질, protean, metaprotein, gelatin
	2차 유도단백질	proteose, peptone, peptide
복합 단백질	인단백질	casein(우유), vitellin(난황)
	핵단백질	nucleohistone(흉선, 적혈구), nucleoprotamine(어류 정자)
	당단백질	mucin(침, 소화액, 난백, 곡류), mucoid(난백, 혈청, 연골)
	색소단백질	hemoglobin(혈액), myoglobin(근육), chlorophyll protein(식물의 녹색색소)
		flavoprotein(우유, 혈액), carotenoid protein(시홍, 갑각류)
	금속단백질	ferritin(Fe, 간), hemocyanin(Cu, 연체동물 혈액)
		ascorbate oxidase(Cu, 식물조직), polyphenol oxidase(Cu, 식물조직)
		insulin(Zn, 췌장), hemeprotein(Fe)
		chlorophyll protein(Mg)
	지단백질	lipovitellin(난황), lipovitellinin(난황)

어난다. 대부분의 단백질은 등전점이 산성 쪽에 있으므로 용액을 적당히 산성으로 만들면 쉽게 변성된다. 예를 들면, 생선을 조릴 때 식초를 넣어 주면 pH가 낮아져 등전점에 가까워지므로 살이 빨리 단단해진다.

단백질에 염화물, 황산염 등 소량의 전해질을 가해 주면 열변성이 촉진되는데 이온의 전하가 큰 전해질일수록 더 촉진된다. 두부를 제조할 때 두유 중의 글리시닌(glycinin)은 가열만으로는 응고되지 않으나, 70℃ 이상에서 $MgCl_2$이나 $CaSO_4$를 가하면 응고가 잘 된다.

또한 열변성된 단백질은 폴리펩티드 사슬이 풀어져서 효소작용을 받기 쉬워 소화가 잘 되지만, 지나치게 변성되면 오히려 효소작용을 받기 어려워져 소화가 어렵게 된다. 날달걀이나 완숙한 달걀보다 반숙한 것이 더 소화가 잘 되는 것은 이와 같은 이유 때문이다.

식육조직의 하나인 결합조직의 단백질은 고기의 힘줄, 인대 등을 구성하는 단백질로, 90% 이상이 콜라겐으로 구성되어 있어 물에 끓이면 젤라틴으로 변한다. 족편이나 쇠머리, 돼지고기 편육 등은 이러한 성질을 이용하여 만든 음식으로, 고온으로 조리한 뒤 상온으로 식히면 조직감이 찰랑찰랑한 독특한 음식을 만들 수 있다.

산 · 알칼리에 의한 변성

산 또는 알칼리를 첨가하여 등전점에 이르면 단백질을 쉽게 응고시킬 수 있다. 우유를 발효시키면 유산에 의하여 pH가 저하되어 카제인(casein)이 등전점에 도달하여 변성 · 침전하는데, 이러한 성질을 이용해 치즈나 요구르트와 같은 유제품을 제조한다.

금속 이온에 의한 변성

단백질은 가용성의 2가 또는 3가의 금속 이온에 의해 변성 · 응고된다. 두부를 제조할 때 두유에 Ca^{2+}나 Mg^{2+}염을 넣으면 응고되지만 K^{+} 등의 이온을 넣으면 응고되지 않는다. Al^{3+}은 응고효과가 더욱 크다. 과일을 설탕조림할 때 백반을 넣으면 Al^{3+}가 재료 중의 단백질을 응고시켜 조릴 때 형태가 잘 유지된다.

효소에 의한 변성

단백질은 효소에 의해 변성될 수 있다. 우유에 응유효소인 레닌(rennin)을 첨가하면 수용성의 카제인(casein)이 분해되어 파라카제인(paracasein)이 형성된다. 이 파라카제인이 우유 속의 Ca^{2+} 이온과 결합하여 불용성의 칼슘 파라카제네이트(calcium paracaseinate)를 형성한다. 이와 같은 단백질의 효소에 의한 변성은 치즈 제조에 이용된다.

냉동에 의한 변성

천연 단백질로 된 식품은 냉동에 의해서도 물리적 변화인 조직의 손상을 일으킬 수 있다.

냉동할 때 −20℃ 이하의 아주 낮은 온도로 급속히 얼리게 되면 식품의 주된 구성분인 물이 얼 때에 핵이 많이 생기더라도 결정이 커지지 않아 조직의 변화를 줄일 수 있다. 그러나 서서히 동결시켰을 때에는 핵에서 큰 결정이 형성되어 식품의 얼음 입자는 세로조직을 기계적으로 손상 · 파괴된다.

일반적으로 냉동식품의 얼음결정이 세포 밖에서 커지면서 세포에 수분이 빠져나가 식물세포에서는 원형질 분리가, 동물세포에서는 변형 · 수축되면서 변질된다. 또한 동결된 식품의 표면이 공기와 계속 접하고 있으면 얼음이 승화되고 내부도 다공질의 건조층이 생긴다. 이러한 냉동화상(freezer burn)이 생기면 식품의 색깔, 향미, 조직, 영양가가 변화된다.

육류가공품의 종류와 저장

종류	저장
냉장육	2~3℃, 습도 80~90%
냉동육	-29~30℃
건조육(육포, 고기분말) : 밀폐포장	냉장, 냉동
통조림	건조, 냉암 장소
염장, 훈연(장조림, 햄, 베이컨, 소시지)	냉장

※ 단백질의 분해

단백질은 단백질 분해효소에 의하여 가수분해된다. 이와 같이 식품 중의 단백질이 식품 자체에 가지고 있는 단백질 분해효소에 의하여 가수분해되는 것을 자가소화(autolysis)라고 한다. 육류 및 생선은 신선한 것보다 어느 정도 시간이 경과하여 자가소화에 의하여 아미노산 등이 유리되면 맛이 더욱 좋아진다. 이러한 변화는 고기의 저장 중에 일어나는 중요한 현상으로 숙성(aging)된 상태라 하며 0℃에서 8~14일 정도 걸린다. 그러나 자가소화된 단백질은 미생물이 번식하기 쉬우므로 부패가 빨리 진행된다.

※ 식육류의 이화학적 성상

저장식품으로 이용되는 식육은 대부분 근육조직으로 건조법, 염장법(침염, 살염), 장조림 등으로 가공되고 있다. 근육은 결체조직과 지방조직으로 이루어져 있는데, 결체조직 사이에 지방조직이 놓여 있다. 따라서 저장식품으로 이용될 때에도 지방과 결체조직이 동시에 이용되는 경우가 많은데, 지방을 제거한 후 저장해야 저장 시 좋은 품질을 유지할 수 있다.

식육류의 일반 조성은 주로 수분, 단백질, 지방의 세 성분으로 이루어져 있는데 동물의 종류, 영양상태, 부위 등에 따라 그 함량이 많이 다르다. 특히 지방함량은 적게는 5% 이하, 많게는 40%가 넘는 큰 함량 차이를 보인다. 수분함량은 보통 지방함량에 반비례하는데, 대부분 45~75% 범위로 평균 62% 정도이다. 단백질 함량은 17~20% 정도이며 지방함량이 증가하면 감소되나 그 변동되는 폭은 크지 않다. 식육은 생체 내에서 기능과 형태가 다른 세 종류의 근육, 즉 골격근, 심근, 평활근으로 이루어져 있는데, 이 중 뼈에 부착되어 있는 골격근은 생체의 30~40% 정도이며, 이용되는 고기의 대부분을 이루고 있고, 심근과 평활근은 부산물로 이용되고 있다.

고기의 색깔은 미오글로빈(myoglobin)과 헤모글로빈(hemoglobin)에 의해서 붉은 색을 띠며

도살 후에는 미오글로빈이 주색소이다.

(4) 지 질

지질(lipids)은 탄수화물과 같이 탄소(C), 수소(H), 산소(O)의 세 가지 원소로 구성되어 있는 유기화합물로 에테르, 클로로포름, 벤젠 등의 유기용매에 용해되는 성질을 가지고 있다.

중성지방은 글리세롤(glycerol) 한 분자에 지방산(fatty acid) 세 분자가 결합되어 있다. 글리세롤에 결합되어 있는 지방산은 대부분 4～24개의 짝수 탄소원자를 가진 포화 또는 불포화지방산으로, 일반적으로 탄소수가 12개 이하인 것을 저급지방산, 14개 이상인 것을 고급지방산으로 분류한다. 탄소분자의 결합 상태에 따라 분자 내에 이중결합을 가지고 있지 않은 지방산을 포화지방산이라 하고, 이중결합을 가지고 있는 지방산을 불포화지방산이라 한다. 팔미트산, 스테아르산은 포화지방산으로 라드, 버터 등의 동물성 지방(fat, 脂)에 많이 들어 있으며, 실온에서 고체이다. 올레산, 리놀레산, 리놀렌산, 아라키돈산은 불포화지방산으로 콩기름, 옥수수기름 등의 식물성 기름(oil, 油)에 많이 들어 있으며, 실온에서 액체이다.

불포화 지방산은 포화 지방산보다 융점이 낮으며 이중결합의 수가 많아질수록 융점이 낮아진다. 리놀레산과 리놀렌산, 아라키돈산은 필수 지방산으로 알려져 있다.

※ 유지의 산패

가수분해에 의한 산패

유지는 물, 산, 알칼리, 가수분해효소 등에 의해 글리세롤과 유리지방산으로 가수분해된다. 가수분해는 가열에 의해 촉진되며, 이때 불쾌한 냄새나 맛을 형성하여 유지가 변질된다.

자동산화에 의한 산패

유지는 상온에서 대기 중의 산소에 의해 서서히 자연발생적으로 자동산화된다. 자동산화가 일어나게 되면 초기의 생성물로 과산화물이 축적된다. 산화가 더 진행되면 과산화물의 분해와 중합이 일어나 좋지 않은 냄새가 발생하게 되고 점도가 상승한다. 이러한 변화는 맛과 냄새가 나빠지는 품질 저하를 가져오며 영양가가 저하되고 더 나아가서는 유독 성분이 생성된다.

효소에 의한 산패

동식물 조직 중에 존재하는 여러 산화효소들에 의해 산화가 촉진된다. 지방질의 산화를 촉진하는 효소는 두류, 곡류 등에 광범위하게 분포되어 있다. 이러한 효소는 가열에 의하여 최적 온도에서 활성화되어 풍미에 영향을 미치는 물질을 생성할 수도 있다.

※ 가열에 의한 유지의 변화

유지를 고온으로 가열하면 유지 에스테르 결합이 분해되어 유리지방산이 증가하고 분해된 유지분자 간에 결합이 일어나 중합체를 형성한다. 또한 점도가 증가하고 풍미의 손실, 영양가의 감소, 독성물질의 형성 등 품질 저하가 나타난다. 유지를 계속 가열하면 유지가 가수분해되어 생성된 글리세롤이 아크롤레인(acrolein)으로 변화되어 푸른 연기가 발생하면서 자극성 냄새가 나고 기름의 색이 진해지며 거품이 나게 된다.

(5) 무기질

식품에 함유되어 있는 무기질은 식품 내에 Ca, Mg, P, K, Na, S, Cl, Fe, Cu, I, Mn, Co, Zn, Se, F 등의 무기원소 성분을 함유하고 있다. 이러한 무기질은 식용으로 섭취되어 체내에서 인체의 구성성분과 생리작용의 역할을 담당하는 중요 영양소가 된다. 대부분 무기질은 식품 속에 유기물과 결합하는 유기체로 존재하기도 하고 무기염의 형태로 존재하기도 한다.

단백질 식품에는 유황(S)과 인(P)이 단백질과 결합되어 있고, 철분(Fe)은 혈액의 헤모글로빈에, 마그네슘(Mg)은 채소잎의 엽록소에 들어 있어 특정 역할을 한다.

무기물은 식품을 태워서 남은 재를 회분(ash)으로 표시하고 있다.

무기질은 체액의 산·알칼리의 균형조절과 생리작용에 대한 촉매활동, 수분의 평형 조절 등 인체에서 중요한 역할을 한다.

식품에 함유되어 있는 무기질의 종류가 어떤 것인가에 따라 알칼리성 식품, 산성 식품으로 구분한다. 식물성 식품이 알칼리성 식품이라 하는 것은 알칼리성 원소로 Na, Mg, K, Ca, Mn, Fe, Zn 등을 많이 함유하고 있기 때문이다.

이러한 원소는 음식물 중의 물에 녹아 NaOH, $Mg(OH)^2$, $Mn(OH)^2$, $Fe(OH)^2$, $Zn(OH)^2$과 같은 수화물을 만들고 해리되어 Na^+, Mg^+, K^+, Ca^{++}, Mn^{++}, Fe^{++}, Cu^{++}, Zn^{++} 등의 양이온이 되는데, 정도를 각각 산도(acidity) 및 알칼리도(alkalinity)라 한다. 이는 식품 100g을 연소시켜 얻은 회분을 중화하는 데 소요되는 0.1N 농도의 HCl 또는 0.1N의 NaOH의 mL 수로 나타낸다.

(6) 비타민

비타민이란 '생동력을 가진 아민(amin)물질' 이라는 뜻을 가지고 있으며, 인체의 정상적인 기능과 성장 및 유지를 위해 식이를 통해 미량을 섭취해야 하는 필수적인 유기물질이다. 즉, 비타민은 체내에서 한 가지 이상의 생화학적 작용이나 생리적 작용에 관여하므로 체내 기능을 위해 반드시 필요하다.

대부분의 비타민은 체내에서 합성되지 못하거나 합성되는 양이 필요량에 미치지 못하기 때문에 반드시 식품으로 섭취해야 하며, 식품으로 적절히 섭취하지 못하면 결핍증이 나타난다. 다만 비타민 B_3와 비타민 D는 특정 조건에서 체내 합성이 가능하며, 비타민 K와 비오틴은 박테리아에 의해 소장에서 상당량이 합성된다.

※ 지용성 비타민과 수용성 비타민

비타민은 발견된 순서에 따라 A, B, C, D, E 등의 순으로 명명되었다. 비타민 B는 단일 화학물질로 생각되었으나 다양한 형태로 존재하는 것으로 밝혀졌다. 이에 여덟 종류의 비타민 B가 '비타민 B 복합체' 를 이루고 있다. 비타민 P는 처음에는 비타민으로 분류되었으나 인체에 필수적인 물질이 아닌 것으로 판명되어 비타민 목록에서 삭제되었다.

비타민 A, D, E, K는 에테르나 벤젠과 같은 유기용매에 용해되기 때문에 지용성 비타민으로, 그리고 비타민 B군과 C는 물에 용해되므로 수용성 비타민으로 분류된다.

※ 비타민의 변화

식품을 조리하거나 가공할 때는 식품의 구성성분과 성질을 이해하여 만들어지는 과정에서 전후 처리를 하고, 식품을 저장할 때는 비타민의 손실을 적게 하며 맛있는 식품을 만드는 것이 중요하다. 비타민의 손실은 용해된 용액을 버리거나 가열, 산화, 및 효소 등에 의하여 변화가 일어난다.

비타민 A

비타민 A는 레티놀이라고도 하며 공기 중의 산소로 쉽게 산화된다. 프로비타민 A인 카로티노이드도 산화되기 쉽다. 그러나 식품 중에서는 천연의 항산화제와 더불어 지질 중에 녹아 들어가 있기 때문에 비교적 안정하다.

비타민 B_1

티아민은 비타민 C 다음으로 불안정하며 특히 중성 및 알칼리 영역의 pH에서도 변화를 받기 쉽다. 수용성이므로 조리할 때나 가공 중에 물에 용출되는 것을 주의해야 한다. 식물성 식품 중 시금치 같은 것은 비타민 B_1을 파괴하는 효소, 티아미나아제(thiaminase) 또는 폴리페놀 산화효소를 가지고 있기 때문에 그늘에서 37시간 정도만 방치만 해도 비타민 B_1의 대부분을 잃는 경우가 있다.

비타민 B_2

광선이나 알칼리로 분해되기 쉽다. 흰 병에 든 우유를 2시간 정도 직사광선에 쬐이면 비타민 B_2의 50%가 파괴되고 흐린 날씨에도 20%가 파괴된다.

비타민 B_3

니아신은 매우 안정성이 있어 가열, 산소, 빛 또는 어떤 pH 영역에서도 분해되지 않는다. 수용성이므로 일반적인 처리가공 중에서의 손실은 물에 용출되어 나가는 것이 대부분이다.

비타민 C

비타민 중에서 가장 불안정하며, 수용성이므로 식품 중에 쉽게 유출된다. 산소에 의해 신속히 산화되고, 태양광선에서 건조된 과일이나 채소에는 비타민 C가 거의 함유되어 있지 않다. 그러나 병조림이나 통조림은 공기와 차단되기 때문에 비타민 C의 함유율이 비교적 많다.

비타민 D

일반적으로 안정된 비타민이다. 지질과 함께 식품에 존재할 때 지질의 산화가 일어나면 함께 파괴된다.

비타민 E

비타민 E는 식물성 기름 중에 천연 항산화제로 존재하며 일단 유지의 산화가 진행되면 비타민 E도 산화된다. 튀기는 기름의 온도가 200℃ 이상이면 비타민 E가 손실되고, 식품 중에 함유된 상태가 다르면 조리, 가공, 저장 중의 손실 정도도 크게 다르다.

3. 식품저장에 영향을 주는 요인들

식품을 저장하고 가공하는 과정에서 식품 외형의 변화와 성분은 수분, 온도, 미생물, 효소, 산소, pH, 식품을 보관하는 용기나 포장 등의 영향을 받아 많고 적은 변화를 일으킨다. 이러한 변화 중에서 식품의 품질을 저하시키는 경우도 있으므로 이들이 식품에 미치는 영향을 잘 이해하여 저장 및 가공에 적절히 활용하도록 해야 할 것이다.

(1) 수 분

식품 중에 함유되어 있는 영양소 중 수분은 품질의 등급에 많은 영향을 줄 뿐만 아니라 저장

중 미생물이나 여러 화학반응의 촉매제 기능을 할 수 있기 때문에 적합한 수분함량을 유지하는 것이 매우 중요하다.

대부분 식품에 함유된 수분의 양은 60~95%이며, 보관된 식품의 상태에 따라 액체 상태, 고체 상태, 때로는 기체 상태로 존재하고 있다.

인체의 건강을 유지하며 적절한 체온을 유지하는 것뿐만 아니라 식품에서 나온 영양분의 수송 및 분비물을 배송하는 것도 수분이 담당하고 있는 중요한 역할이다.

(2) 온 도

일상 가정생활에서 식품 저장에 큰 영향을 주는 요인 중에 하나가 저장온도라고 할 수 있다. 식품을 저온 저장하면 채소의 호흡 및 증산 작용에 의해 식품 내 화학적 변화와 외형의 물리적 변화를 억제하고 미생물학적 변질을 최소화할 수 있으므로 저장방법 중 가장 우수한 방법이다. 저온방법 중 냉동방법은 냉동 시 발생하는 수분의 동결이 여러 부정적인 영향을 줄 수 있으므로 식품이 동결되기 직전의 저온 저장방법이 더 좋다고 할 수 있다. 냉동 시 식품 주요 성분 내의 수분은 얼음을 형성하고 부피 증가시켜 식품의 조직이 파괴되고 성분이 유출되어 영양 손실이 생기며 품질 저하를 초래하게 된다. 탄산음료일 경우에는 수분이 고체화되면 부피가 증가하

식품보관에 적당한 온도

저장법	식 품	온도(℃)	신선도 유지기간
움 저장	파, 무, 배추, 감자, 당근, 우엉	0~10	3~4개월
저온저장	무, 당근, 우엉, 감자, 고구마, 귤, 사과, 배, 포도, 양파, 양배추, 당근	3~5	15~20일
	시금치	0	
실 온	바나나	13	6~10일
	호박	10~12	
	파인애플	5~7	
	토마토	5~10	
냉 장	생선	0~4	5~7일
	쇠고기	0~1	12~14일
냉 동	생선	-12	4개월
		-18	6~8개월
	쇠고기	-12	6~8개월
		-18	16~18개월

여 함께 용존되어 있던 이산화탄소의 이동성이 음료 밖으로 배출되고 독특한 탄산미가 감소되어 품질 저하가 일어난다. 또한 식품의 동결로 인한 함유성분의 농축현상은 비타민 C의 산화, 지방분의 산화 등을 일으키고, 동결로 인한 반응속도가 증가되어 동결점 아래에서도 변질이 진행되는 부정적인 영향을 받게 된다.

(3) 효소와 미생물

효소는 단백질의 일종으로 생화학 반응을 일으킨다. 화학반응의 속도를 촉진 · 증가시키는 역할을 하고 있기 때문에 식품 저장 중에 품질 변화를 유발하는 경우가 많다. 농수산물 원재료를 저장하거나 최소한의 가공처리를 할 경우에는 효소에 의한 식품 성분의 변화가 커지므로 식품을 가공하는 경우 열처리를 통하여 효소의 작용을 억제시키는 과정이 필요하다. 효소는 낮은 온도에서도 활성을 지니고 있어 냉동 및 냉장 식품 변질의 중요한 원인이 되고 있다.

효소활성의 조건

효소의 기능에 변화를 주는 외적 환경은 온도, pH, 그리고 수분활성도라 하겠다. 효소의 최적 활성온도는 30~40℃이고 극한의 산성이나 염기성은 효소로 구성된 단백질의 변성을 초래하므로 활성을 떨어뜨리게 된다. 수분활성도도 어느 정도 효소활성에 영향을 미치게 된다. 식품 중 자유수가 증가하면 반응 물질의 이동성이 증가하여 반응 물질들 간 상호작용이 증가되므로 효소의 활성에도 도움을 주게 된다. 냉장, 냉동, 건조 등의 가공 · 저장을 통해 효소의 활성을 줄일 수는 있으나 완전히 막을 수는 없다.

효소의 종류

저장된 식품에 작용하는 여러 효소 중 탄수화물과 지방의 분해효소가 가장 중요하다. 이종다당류(heteropolysaccharide)의 일종인 펙틴은 탄수화물의 일종으로 과실류 표면을 구성하고 조직을 만드는 역할을 하고 있다.

식품이 외부 충격이나 오랜 시간 저장으로 인하여 펙틴 효소가 활성을 띠게 되면 과실이 부패하거나 조직의 변화를 유발하게 된다. 과실류의 표면을 이루고 있는 중요한 펙틴이 효소에 의해 결합력이 약해지면서 조직감이 상실되고 부분적으로 와해된 미생물 등의 침입으로 부패가 촉진된다. 식품에 함유된 지방은 지방분해 효소(lipolytic enzymes)와 대기 중의 산소, 고온의 환경에 놓이게 되면 산화과정을 거쳐 산패된다. 지방분해 효소는 리파아제(lipase)나 리폭시게나아제(lipoxygenase) 등이 대표적이라 할 수 있다. 이 효소는 식품에 함유된 중성지방인 트리글리세리드(triglyceride)의 에스테르 결합을 지방산으로 분리시켜 지방산화 반응을 촉진하는 역할을 하며, 식품의 향이나 조직감에도 좋지 않은 역할을 주어 고도의 불포화 지방산 산화로 인한 영향학적 변화를 가져오게 한다.

미생물과 식품 저장

가공저장에 관여하는 미생물의 종류는 상당히 많다. 세균 중 부패균, 병원균 등 유해한 것과 유용한 균들이 있고, 곰팡이류에서도 유해한 것과 유용한 균종이 혼재하여 있다. 주류의 제조와 제빵 등에 없어서는 안 될 중요한 효모균이 있는가 하면, 식품을 변질시키기도 하고 병원성을 가진 야생효모도 존재한다.

미생물의 종류와 생육조건을 파악하고 적절히 활용하면 식품 저장의 효율성을 높일 수 있다.

(4) 용기와 포장재

식품을 저장하고 운반하는 데에는 담는 용기와 여러 가지 물질로부터 제품을 분리하는 포장재가 필요하다. 저장식품을 보관하는 용기는 무게와 빛의 투과, 식품 성분과의 변화, 반응정도, 온도가 미치는 영향 등 여러 가지를 고려해야 할 뿐 아니라 유리, 오지, 금속, 종이, 플라스틱, 멜라민 등의 재료와 용기의 크기, 모양도 고려하여 선택하여야 할 것이다.

포장 재료에는 플라스틱, 종이, 알루미늄판, 금속 외에 여러 재료를 혼합하여 만든 복합 다층 재료가 있다. 상품의 포장을 통한 고부가가치 식품 개발과 다양한 즉석식품 개발, 기능성 포장재의 개발, 친환경 제품 활용방안 등으로 식품에서 포장재 역할의 중요성이 최근에 두드러지고 있다. 전자레인지 사용에 적합한 포장재와 끓는 물에 즉석조리 가능한 식품 포장재 개발은 식품공업의 산업화와 식생활의 편의화에 크게 공헌하게 되었고, 식품산업의 부가가치를 높일 수 있어 포장재에 대한 관심이 필요한 시대라 할 수 있다.

4. 식품과 미생물

미생물(micro organism)은 사람의 눈으로는 볼 수 없는 아주 작은 단세포나 균사로 형성되어 있어 현미경을 사용해야 볼 수 있는 생물이다. 미생물 중에는 식품 중에 번식하면 식중독과 경구전염의 원인이 되는 병원성 세균류가 있는가 하면 농산물 가공에 이용하여 간장, 된장, 고추장, 청국장 등의 발효 조미료와 주류, 식초, 김치 등의 젖산 발효식품 및 제빵 등의 발효에 도움을 주는 미생물도 있다. 자연계에 존재하는 다수의 미생물에 의해 식품이 분해되는데 미생물이 식품에 부착하여 생육 · 번식하면서 식품을 인체에 유익하게 변화시키는 것을 발효라 한다. 식품 중의 단백질은 미생물에 의해 분해되어 악취를 내는 유독물질로 변하여 식생활에 이롭지 못한 변화를 가지고 오는데, 이를 부패(putrefaction)라 부른다. 식품의 가공 · 저장에 관계되는 미생물은 곰팡이(mold), 효모(yeast), 세균(bacteria)으로 분류할 수 있다. 이에 식품의 가공 · 저장을 배우는 데 특히 중요하다고 생각되는 미생물의 종류에 대하여 설명하고자 한다.

(1) 곰팡이

곰팡이는 가늘고 긴 실 모양으로 기질 표면에서 기질 속으로 균사(hyphae)가 자라 분기시키면서 모상집합체(毛狀集合體)인 균사체(mycelium)를 형성하는 미생물을 말한다. 균사는 흰색을 띄면서 발육하여 포자(spore)가 서서히 형성되며 청색, 황색, 녹색, 적색으로 색깔이 변하고 포자가루 끝에 포자가 착색하여 자실체(fruiting body)를 만든다.

곰팡이는 공기 중에 있는 포자가 발육조건이 맞는 곳에 붙어서 발육하게 된다. 발육에 필요한 영양소는 전분류에 함유된 탄소원(carbon source), 단백질 내의 질소원(nitrogen source), 무기염류(inorganic salts, minerals)로 Ca, Na, Mg, K, Fe, P, S과 발육을 위한 비타민이 있다. 따라서 이와 같은 영양소로 배양기를 만들어 곰팡이를 배양할 수 있다.

곰팡이는 호기성으로 pH 4.0~6.0, 습도는 80%, 온도는 20~37℃에서 발육하고 60℃ 이상의 온도에서 죽는다. 곰팡이류는 유해하거나 유용한 균종이 있는데 여기에서는 농수산 가공에 관계되는 중요한 곰팡이만 설명하기로 한다.

누룩곰팡이속(*Aspergillus*)

국(麴, koji) 곰팡이라 불리기도 한다. 녹말 단백질 분해력이 강하여 된장, 간장, 고추장, 탁주, 소주와 같이 발효식품 공업에 이용된다.

- **아스페르길루스 오리제(*Aspergillus oryzae*, 황국균)** : 코지 곰팡이라고도 하며 포자가 발육하면 기질에 흰색을 띄고 균사가 퍼지면서 점차 황색에서 황록색으로 변하고 포자가 착색되면 암록색으로 짙어진다. 쌀이나 보리, 밀 같은 곡류에 이 균을 배양시키면 당화효소인 아밀라아제(amylase)가 많이 생산되고, 당 종류에서는 단백질 분해효소인 프로테아제(protease)를 많이 생산하므로 대량으로 술을 만들 때나 장류를 만들 때 쓰인다.
- **아스페르길루스 니게르(*aspergillus niger*, 흑국균)** : 과일 중에 많은 펙틴(pectin) 분해력이 강한 균으로 당액을 발효시켜 구연산(citric acid), 글루콘산(gluconic acid) 등을 많이 생산한다.

- 아스페르길루스 글로커스(*aspergillus glaucus*) : 가다랭이 숙성에 이용되는 곰팡이이다.

푸른곰팡이속(*Peniculliu*m)

자연계에 널리 분포되어 있고 균총은 푸른색을 띄고 있어 푸른곰팡이라 부른다.

페니실린(항생물질)을 생산하는 페니실륨 크리소게눔(*P. chrysogenum*), 치즈 숙성에 이용되는 페니실륨 로퀘포르티(*P. roqueforti*) 균주, 페니실륨 카멤베르티(*P. camemberti*) 균주는 이로운 곰팡이인 반면, 과실이나 빵류를 부패시키는 시트리눔(*P. citrinum*)류 독소를 생산하는 유해균도 있다.

(2) 효 모

효모(yeast)는 단세포의 미생물로서 대형(5～10*μ*)의 구형(terula type) 또는 타원형으로 출아 · 증식하는 것을 말한다. 이들은 유포자 효모와 무포자 효모로 나눈다. 효모류에는 식품 제조에 없어서는 안 될 중요한 것도 많고 식품을 변질시키기도 하며 병원성을 가진 미생효모도 존재한다.

사카로미세스속(*Saccharomyces*)

제빵, 맥주, 포도주 등에 이용되는 발효력이 강한 알코올 효모가 대표적이다. 사카로미세스 세레비시에(*S. cerevisiae*)는 맥주, 제빵 제조에서 포도당, 맥아당, 자당, 과당을 발효시키고, 사카로미세스 엘립소이듀스(*S. ellipsoideus*)는 포도 껍질에 야생효모로 부착되어 포도 제조에 이용된다. 사카로미세스 사케(*S. sake*)는 청주 제조에 이용되는 효모이기도 하다. 또한 이롭지 못하고 유해균인 사카로미세스 파스토리아누스(*S. pastorianus*)는 맥주, 포도주의 불쾌한 냄새의 원인이 되는 것도 있다.

자이고사카로미세스속(*Zygosaccharomyces*)

자이고사카로미세스 소자에(*Z. sojae*)는 간장 숙성 중에 향기를 생성하는 유용한 간장효모이다. 자이고사카로미세스 살수스(*Z. salsus*), 자이고사카로미세스 자포니쿠스(*Z. japonicus*)는 간장 표면에 피막을 형성하여 맛과 향기를 나쁘게 하는 유해균이다.

스키조사카로미세스속(*Schizosaccharomyces*)

스키조사카로미세스 폼베(*S. pombe*)는 열대지방인 아프리카 토인들의 술(폼베루)에서 발견된 효모이다.

칸디다속(*Candida*)

무포자 효모로 맥주, 포도주, 간장액 표면에 막을 형성하고 주정을 산화하여 불쾌한 냄새가 나게 하는 산화효소이다.

(3) 세균류

세균(bacteria)은 폭이 약 1μ 정도의 가장 작은 단세포 생물로, 그 대부분은 분열에 의해서 증식하며 부패한 병원균, 유용한 균으로 크게 나눌 수 있다. 세균의 형태는 환경조건에 따라 다르고 구균(Coccus), 간균(Bacillus), 나선균(Spirillum)의 세 종류로 나뉜다. 여기에서는 농축산 가공에 관계되는 중요한 세균들만을 설명하고자 한다.

젖산균(Lactic acid bacteria)

젖산을 생성하는 균을 젖산균이라 하고 김치류, 버터, 치즈, 요구르트, 청량음료 제조 등에 이용된다. 젖산발효를 일으키는 젖산구균에는 스트렙토코커스 락티스(*Streptococcus lactis*)와 젖산간균으로 락토바실러스(*Lactobacillus*)가 있다. 이들은 포자를 형성하지 않고 산소를 요구하며 운동성이 없는 그람(gram) 양성이다. 포도당에서 젖산을 만들고 다른 부산물을 생성하지 않는 정상발효 젖산균(Homo fermentative lactic acid bacteria)에는 스트렙토코커스 락티스(*Str. lactis*), 락토바실러스 불가리쿠스(*L. bulgaricus*), 락토바실러스 델브루에키(*L. delbruechi*) 등이 있다. 스트렙토코커스 불가리쿠스(*Str. bulgaricus*)는 젖당을 발효시켜 칼피스(calpis)와 치즈, 요구르트를 제조할 때 이용되고, 락토바실러스 플란타룸(*L. plantarum*)은 간장, 된장에 번식하여 산미와 향미를 내게 한다(김종균 외, 2004).

초산균(Acetic acid bacteria)

식초를 만들어 내는 균을 초산균(*Acetobacter*)이라 하며 공기가 풍부한 액면에서 잘 번식하는 호기성균으로 간균에 속한다. 즉, 에탄올(ethanol)을 산화하여 초산(acetic acid)을 생성하는 세균의 전체를 호칭한다. 초산균의 생육 최적 온도는 20~30℃이며 10℃ 이하 또는 45℃ 이상에서는 번식력이 매우 약해진다. 또한 알코올 농도가 5~10%에서 액체 배양액 표면에 피막을 형성하면서 생육하여 5~8%의 초산을 생성한다. 상업적인 대량생산에 이용되는 식초생성균은 아세토박터 아세티(*Acetobactor Aceti*)이며 그 외 여러 식초생성균이 있다.

납두균(*Bacillus natto*)

청국장을 만들 때 관여하는 균으로, 독특한 냄새를 가지고 있다. 볏짚에 많이 있어 쉽게 분리할 수 있는 호기성 세균이며 포자를 형성하여 번식한다. 삶은 콩을 덥도록(42℃) 처리해 두면 끈끈한 점질의 실을 내는 청국장으로 발효된다.

고초균(*Bacillus subtilis*)

고초균은 재래식 메주에서 흔히 볼 수 있는 것으로 토양, 볏짚 등 자연계에 널리 분포하는 호기성 균이며 포자를 형성하는 세균이다. 곡류 식품에 번식하여 품질을 저하시키는 부패균의 일종이기도 하다.

(4) 미생물의 일반성질

미생물이 가지고 있는 일반적 성질을 여덟 가지로 설명하면 다음과 같다.

영양이 요구된다

미생물은 유용성 여부에 관계없이 생육을 위해서는 그 자체가 영양을 요구한다.

미생물 중에는 생활유지를 위해 필요한 영양인 유기물질을 생산할 수 있는 균(독립영양균 : autotrophic microbes)도 있지만 대다수의 미생물은 식품 그 자체가 기존의 유기물질이기 때문에 이를 이용하여 에너지를 획득하여 살아가는 종속영양균(heterotrophic microbes)에 속한다.

이 종속영양균은 일반적으로 병원 미생물에 속하는 활물기생균(活物寄生菌)과 적당한 융기물질까지도 이용되어 생존할 수 있는 사물기생균(死物寄生菌)으로 나눈다. 사물기생균은 그 종류에 따라 주로 당질의 탄소원, 질소원 및 무기질 원소류에 대한 요구성에 따라 각각 특이성이 있다.

또 특정의 유기화합물은 생육인자(grooth factor)로 요구되며 이들이 없으면 효모와 세균류의 증식이 되지 않는 미생물도 적지 않다.

수분이 필요하다

미생물의 생육에 물은 반드시 필요하다. 배지 중의 수분이 배지성분과 너무 세게 결합되어 있거나 물에 녹아 있는 용질의 농도가 고농도여서 삼투압이 높게 되면 미생물이 수분을 이용할 수 없게 되어 증식에 방해가 된다. 이런 현상은 식품저장법에서 염장이나 당장법을 이용할 때 쉽게 나타나는 현상이다. 그러나 병원성 세균과 곰팡이류 중에는 보통 미생물이 생육할 수 없는 배지 중에서도 증식이 가능한 비삼투압성 미생물이 존재하고 또 배지에 접근하는 공기 중의 습도로 인해 표재성(表在性) 미생물 생식에 큰 영향을 미치는 경우도 있으므로 주의가 필요하다.

pH 영역에 맞아야 한다

미생물이 생육 가능한 pH 영역과 최적 pH는 어떤 것이든지 각각 고유치를 갖고 있다. 보통 미생물의 생육 가능 영역은 pH 4~9의 범위 내에 있다. 산을 생성하는 젖산균 등과 같이 낮은 pH 영역에서도 생육할 수 있는 균을 호산성균(acidophiles)이라 부른다.

효모의 생육 pH는 4~4.5이고 곰팡이의 pH는 2~8.5로 일반적으로 산성에서 곰팡이의 생육이 좋다.

산소(O_2)의 요구가 다르다

생육을 위해 산소를 필요로 하는 미생물을 호기성균(aerobes), 필요로 하지 않는 것을 혐기성균(anaerobes)이라 부른다.

호기성균은 고등동물과 같은 기구로 산소호흡을 하지만 혐기성균은 기질 분자 내 호흡에 의해서 에너지를 획득하므로 그 결과 생산되는 물질의 종류가 여러 가지이다. 보통 발효나 부패에 관계하는 미생물은 혐기성균에 속하는 것이 많다.

온도에 따라 생육조건이 다르다

온도는 미생물의 생육에 큰 영향을 미치는 환경인자이다. 대부분의 미생물은 그의 생육 최적 온도가 25~50℃의 중온균(mesophiles)이다. 이보다 고온인 45~60℃를 좋아하는 것은 호열균(thermophiles)으로 바실러스속, 클로스트리듐속의 일부가 있으며 최적 저온균(10~20℃)은 냉장생선이나 우유의 부패균이다. 이러한 균은 호냉균(psychophiles)이라 한다.

미생물의 대사활동을 하고 있는 영양세포는 고온에 대한 저항력이 약해 60℃에서 10분 이상 가열하면 미생물의 사멸을 초래하기 때문에 소독의 수단으로 쓰인다.

한편 미생물은 저온에 대한 저항력은 상당히 강하며 그 외 증식은 호냉균의 경우 −10℃ 정도로 억제되지만 모든 미생물을 사멸시키는 것은 −200℃의 극히 낮은 온도로 동결시켜도 어렵다.

광선, 방사선의 영향이 크다

가시광선(400~800μm)은 광합성을 위해 필요하지만 이외에 미생물의 생육에는 유해하다.

자외선 200~500μm, 특히 260μm 전후의 것은 강한 살균력을 가진다(일광소독, 살균). 또 파장이 짧은 거리 방사선(X선, Y선 등)은 살균 목적만이 아니고 균주의 성질에 변이를 일으키게 하는 목적으로 조사시키는 경우도 있다.

증식 방식이 다양하다

미생물은 생육의 여러 조건이 알맞을 경우 증식을 시작한다. 그 방식은 대단히 다양하지만

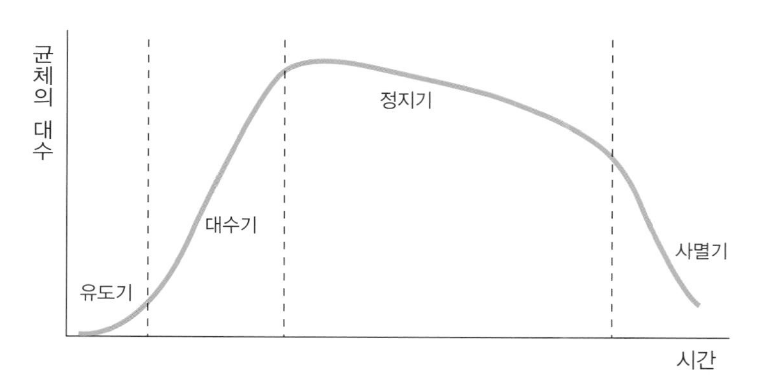

미생물의 증식곡선

크게 나누면 세 가지로 볼 수 있다.

첫째는 세균 종류가 분열하여 기하급수적으로 증식되는 분열방식이다. 둘째는 곰팡이의 증식에서와 같이 균사의 신장과 단열로 증식하는 방법이다. 셋째는 효모와 같이 출아하여 증식하는 방법인데, 먼저 세균과 같이 분열하여 증식하고 분열된 세포핵 두 개가 다시 분열하여 두 개의 세포핵 융합 또는 접합 후 포자를 형성하는 것이다.

생육곡선을 이룬다

생육곡선은 미생물의 증식과 사멸을 잘 나타내는 곡선이다. 미생물의 증식속도는 초기에는 매우 느리지만 유도기를 지나 그 수가 기하급수적으로 급격히 증가된다. 그 후 생균수는 일정한 수준을 유지하다가 감소되고 이후 사멸속도가 증가됨을 나타낸다.

5. 가정의 가공 · 저장 방법

식품을 저장하는 방법으로는 그 규모가 작고 전통적인 가정의 가공 · 저장 방법과 현대의 식품 생산과정에서 볼 수 있는 대량 가공 · 저장 방법이 있는데 여기에서는 가정에서 이루어지는 전통적인 방법에 준하여 설명하고자 한다.

식품을 구입하거나 재배하여 저장하지 않고 그대로 두면 변질되어 효율적인 소비가 이루어질 수 없게 된다. 그 원인은 식품 자체의 효소작용 및 산소의 산화작용과 미생물의 번식, 또한 조류, 곤충, 쥐에 의해서 변화를 줄 수 있기 때문이다. 이러한 손실을 방지하기 위하여 식품에 알맞은 가공을 하여 저장하는 것이 매우 중요하다.

(1) 움 저장

채소류, 과실류를 수확한 후에도 식품이 호흡작용을 하여 자체에 있는 영양분이 서서히 소모되고 미생물이 번식하여 부패하게 된다. 움 저장은 저장온도를 10℃ 정도로 유지하여 호흡작용이나 미생물의 번식속도를 늦추는 것이다. 땅속에 1.5～1.8m 정도의 움을 파서 공간을 만들거나 산이나 남쪽 비탈에 1m 이상의 굴을 파서 보관장소를 간단히 마련하면 식품의 장기 저장이 가능하다. 무, 당근, 우엉 등은 잎을 자르고 배추는 뿌리를 자른 다음 신문지로 한번 싸서 땅속에 묻고 감자, 고구마 등도 움 저장으로 쉽게 보존할 수 있다. 외부의 기온이 움 속에까지 영향을 주어 얼 수 있는 정도가 되면 캐내어 가공처리해야 하지만, 지하 3m 정도로 더 깊이 움을 만들면 기온에 영향을 받지 않고 1년 내내 13℃ 정도로 유지된다. 움 저장은 땅속으로 깊이 파고 위를 나무로 엮은 뚜껑으로 덮은 후 그 위에 흙을 두텁게 덮고 한쪽에 숨구멍을 만들어 공기가 통하도록 한다. 귤, 사과, 배 등은 환기장치를 설치하고 저장고의 온도를 0～10℃를 유지할 수 있도록 보온재를 사용하여 지은 저장고여야 이상적이다.

(2) 냉장, 냉동

냉장은 냉장고나 토굴과 같이 0～4℃ 범위 온도에서(때로는 10℃ 이하가 되는 공간에서) 저장하는 방법으로 과실류, 채소류, 염도가 낮은 젓갈류 등을 단기간 저장하는 데 이용된다. 미생물의 발육이나 자체 효소작용을 지연시키는 수단일 뿐이므로 저장 가능한 적정 기간에 유의하여야 한다. 예를 들면 생선토막은 0～1℃로 냉장하면 1～3주 정도 저장할 수 있다.

냉동은 0℃ 이하의 온도에서 식품을 동결하여 저장하는 방법이다. 식품의 조직을 파괴시키지 않고 색과 향을 유지시키도록 전처리의 필요가 필수적인 것도 있으므로 식품에 따라서 냉동처리 과정을 살펴야 할 것이다. 식품의 중요 성분인 단백질의 변성을 줄일 수 있는 동결방법으로 급속 냉동방법 등을 연구해야 한다. 급속 동결법은 얼음결정이 미세하여 조직의 파괴와 단백질 변성이 적어 원상유지가 가능하다. 급속 동결은 한계온도를 35분 이내에 통과시키므로 얼음결정이 70μ 이하로 되는 것을 말한다.

생선토막은 －40～－50℃로 급속 동결하여 －20～－40℃로 보관한다. 가

냉동할 때의 주의점 

1 모든 식품이 냉동 저장이 가능한 것은 아니다. 우유, 요구르트, 여러 종류의 소스, 달걀, 젤리 상태로 된 음식, 푸딩, 파, 양파, 가지, 애호박, 등은 조리 전이나 후에도 냉동 보관은 피하는 것이 좋다.

2 냉동할 식품의 부피는 두껍지 않고 크지 않도록 납작하게 포장하여 신속히 냉동시킨다. 건조되지 않게 용기에 담고 비닐주머니를 이용할 때는 공기를 빼고 진공상태로 만든 후 냉동시킨다.

3 어떤 식품인지 알 수 있도록 내용물이 보이는 용기에 담아 둔다. 보이지 않는 것은 포장하여 이름을 적어 둔다.

정에서 채소를 동결하여 보관할 때는 데친 뒤에 냉동하는 것이 기본이다. 채소를 아주 살짝 데치고 찬물에 헹군 뒤에 물기를 제거하여 냉동한다. 고기는 건조되지 않도록 밀봉된 상태로 냉동하거나 양념을 해서 냉동시키면 맛이 보존된다. 작은 조각으로 저민 고기나 닭고기 등은 가열한 뒤에 냉동시키면 더 안전하다.

(3) 건 조

식품 중에 함유된 수분을 증발시키면 효소작용이나 미생물의 활동 조건이 약해지므로 건조(drying)된 식품은 저장성이 높아진다. 식품에 따라서 건조되는 정도는 다르다. 일반적으로 곡류는 수분함량이 13~14%, 엽채류는 3~8%, 어류 건조물은 10~40%의 범위인 것이 많다. 건조식품은 제품은 냉장하여 보관하거나 실온에서 짧은 기간에 저장한다.

건조법에는 자연건조, 열풍건조, 동결건조와 잠압건조 등이 있고 가정에서는 자연건조법과 열풍건조법이 많이 이용된다.

(4) 산 저장

식품을 가공하거나 조리할 때 초산, 젖산 등을 가하여 수소 이온 농도를 낮게 하면 저장성이 좋아지고 pH를 4.5 이하로 낮추면 저장효과가 크다. 신맛이 있는 산성에서는 세균류의 저항력이 약해져 미생물의 번식이 억제되고 자가 소화가 일어나기 어렵기 때문에 저장성을 갖게 된다. 오이나 양파, 콜리플라워, 양배추, 무 등은 산 저장(pickling)하여 반찬으로 이용하고, 매실이나 오미자 등은 식염이나 설탕을 첨가하면 자체 내 산성 즙액이 나와 상온에서도 저장효과가 있는 청이 된다. 채소류뿐만 아니라 북유럽에서는 청어나 연어도 산 저장한 저장식품이 많다.

(5) 당 장

당장(sugaring)은 67% 이상의 설탕을 넣어 미생물의 번식을 억제시켜 저장하는 방법으로 잼, 젤리, 마멀레이드, 채소와 과실로 만든 정과류, 과즙에 당장한 과편, 엿강정 등이 이에 속한다. 잼(jam)은 과실을 그대로 또는 파쇄하여 설탕과 함께 가열·농축한 것이다. 당의 양은 과즙에 대하여 약 70%이며, 설탕을 넣고 10분간 끓여서 잼의 형태가 되면 병에 넣어 밀봉 저장한다. 젤리(jelly)는 과실에서 과육을 분리한 과즙에 설탕을 가하여 농축한 것으로 고형물이 들어 있지 않다. 마멀레이드는 젤리 중에 과육, 과피의 절편을 흡입한 것으로 오렌지를 이용하여 만든 것이다. 이는 과실 중에 들어 있는 펙틴(pectin)의 응고성을 이용한 것으로, 용액의 점성물에 적당량의 당과 산을 가하면 젤리화된다. 이러한 젤리화의 최적 조건은 펙틴 1~1.5%, 산 0.3~

0.5%(구연산, 사과산, 주석산), pH 3.2~3.5, 당 67%이다.

정과류는 열매채소나 뿌리채소를 익혀서 수분이 과육에 스며들도록 한 후 설탕이나 조청을 넣고 조려서 부드럽고 쫄깃쫄깃하게 만든 것이다. 정과류는 무정과, 인삼정과, 동아, 귤, 금귤, 사과 등 그 종류가 다양하다. 과편은 과즙에 설탕과 녹두녹말을 넣어 매끄럽고 찰랑찰랑한 과편을 만들어 후식으로 이용하는 우리나라 전통후식이다. 잼이나 젤리와 다른 것은 응고할 때 녹말을 넣어서 편으로 만드는 것인데, 부드러운 질감을 갖지만 저장성은 떨어진다. 엿강정은 설탕과 엿을 혼합하여 끓인 시럽을 통깨나 견과류에 넣고 섞어서 모양을 만든 것으로 바삭하게 부서지는 과자류이다.

(6) 염 장

염장(salting) 식품에 10~16%의 소금을 뿌려 저장하는 건염법과 소금물 20~25Bé 또는 소금농도 16~18%의 소금물에 침지하는 염수법이 있다. 소금농도가 15% 정도가 되면 세포로 된 조직의 수분이 탈수되어 세포활동을 잃게 되므로 미생물이 활발하게 번식하지 못한다. 저염 젓갈류의 소금함량은 10~14%이고 일반 젓갈은 20~30%, 오이지는 15~18%이며, 재래간장은 20% 소금물로 담근다.

(7) 가열, 살균, 밀봉

식품을 병조림이나 통조림으로 저장하는 방법으로, 100℃ 이하에서 살균하는 저온 살균법과 100℃ 이상의 온도에서 살균하는 고온 살균법이 있다. 식품을 일단 가열하여 살균하고 병이나 통에 넣어 밀봉하면 산소의 접촉을 막을 수 있으므로 오랫동안 저장할 수 있다.

식품의 저장방법과 원리

저장방법	변질원리	특징	참고
건조	식품 자체를 미생물이 생육하지 못하게 변화시킴		• 어류 10~40% • 곡류 12~13% 이하(맥류 11~12%)
냉장	식품 자체를 미생물의 생육 여건이 원활하지 않도록 함		엽채류 3~8%, 0~10℃
냉동	식품 자체를 미생물이 생육하지 못하게 변화시킴		−18℃ 이하
염장 (염수법, 건염법)	소금 첨가로 삼투압 작용에 의한(10~15% 소금 뿌려 탈수) 수분의 부족과 식품 변화	• 장기보존 : 일반적으로 10% 전후 • 건염법 10~16%의 소금 뿌려 저장 • 염수법 20~25°Bé 소금물에 담가 저장	• 2~10% 전후의 소금 농도로 증식 저지 • 효모는 소금 농도 15% 이상일 때 생육 저지 • 곰팡이 20%의 삼투작용 억제
당장	설탕을 첨가하고 삼투압과 열을 작용시켜 식품을 변화시킴		설탕 65% 이상일 때
알코올			알코올 25~30%일 때
초절임	채소류의 저장에 쓰임 초산, 젓산, 조리법을 결합	CH_3COOH의 함량 1% 이상으로 pH 3.5 이하의 것이 많음	pH 4~9 범위를 벗어난 낮은 pH 영역에서 ph 4.5 이하로 저장효과
통조림, 병조림	멸균시키고 산소와 차단	장기보존이 가능	
가열	높은 온도에서 살균처리하여 미생물을 제거	통조림, 병조림과 조합되어 이루어짐	• 가열 70℃에서 미생물을 90% 사멸시키는 데 필요한 시간은 10분 • 온도가 10℃ 상승하면 사멸시간은 90% 단축 • 110℃ 미생물 모두 사멸시키는 데 필요한 시간은 8분 • 121℃(250F) 사멸시키는 데 필요한 시간은 8분
자외선	광선, 자외선을 조사하여 미생물을 제거(공기 살균에 적합)	식품 자체의 변화를 수반하는 일이 많음	
방사선	방사선 조사로 미생물 제거		
밀봉, 살균 저장	방사선 조사 후 밀봉·살균하여 미생물 제거	식품을 관, 병, 플라스틱에 넣고 밀봉	100℃ 이하에서 살균하는 저온 살균
방부제	식품 자체를 미생물의 생육 여건이 원활하지 않도록 함	이황화탄소	100℃ 이상에서 살균하는 고온 살균
훈증법	곡류, 과일 등을 살충제, 훈증제를 기화가스로 하여 해충, 충란, 미생물 사멸	• 훈증제 : 에틸렌 옥사이드, 클로로 피크린(chloropicrin), 메틸브로마인(methyl bromide) • 쌀 $1m^3$당 16g을 기화하여 72시간 유지 후 환기	
훈연법	육류, 어패류 등의 식품에 불완전 연소의 연기를 쐬어 방부성 성분, 산화방지성 성분의 흡착·건조 수반으로 상승효과	생선, 소시지, 베이컨 등의 제조	• 냉훈 : 20~30℃에서 3~4주간 훈연 건조(수분 : 20~45%) • 온훈 : 30~50℃에서 1~3일 훈연 • 열훈 : 50~80℃에서 5~12시간 훈연

* 비가열 살균 : 적외선, 자외선, 전자선, 방사선 살균으로, $-CO^{60}$, Cs^{137}의 α선을 사용. 살균효과가 탁월하지만 높은 설비비와 안전대책이 문제점
* 초극단화 살균법 : 전자레인지에 장착된 마그네트론에서 발생되는 2,450mHz, 915mHz 허용의 극초단자를 조사 → 발열

제2장

장 류

제2장
장 류

두장(豆醬)에 속한 장류(醬類)는 적당한 농도의 소금을 사용하여 식물성 단백질이 풍부한 콩을 미생물의 작용으로 분해해 향미를 내게 한 저장성 발효식품으로, 간장, 된장, 고추장, 청국장 등을 통틀어 이르는 말이다. 전통발효식품인 장류는 오랜 세월을 두고 식용되었으며, 각 가정에서 음식의 간을 맞추고 조화로운 맛을 내는 조미료로서 전통적으로 만들어 왔다. 한 지방의 음식 맛은 장맛에서 비롯되고, 장맛이 좋아야 가정이 길(吉)하다고 할 정도로 장은 정성을 다해 만들고 간수하던 소중한 식품이었으며, 우리나라 가정살림의 기본 양식으로 이어져 왔다. 비록 최근에는 대부분의 가정이 공장에서 생산하여 판매하는 장류를 구입하고 있으나 고유한 우리나라의 장류를 손수 만들고 전통의 맛을 이어 간다고 하는 것은 매우 소중한 일이다.

우리나라에서 장류가 만들어지고 식용된 것은 고사적의 기록에서 장류문화사를 통해 알려져 있다. 삼국시대의 《삼국사기》(三國史記), 《삼국유사》(三國遺事) 등에 수록된 내용으로 이미 그 이전에 장류가 존재해 있음을 추정할 수 있다. 삼국시대의 장류는 장(醬)과 시(豉)로 분별되어 있었고, 이것이 음식 조미료로 이용되고 찬품의 구성으로 이용되었을 것이 분명하다. 그 후 우리의 전통장류는 고려시대와 조선시대를 지나면서 다양한 형태로 발전되어 오늘날 음식문화에서 매우 중요한 위치에 있다.

장류는 동양의 고유한 발효식품이다. 중국 동부, 일본, 인도네시아, 말레이시아 등에도 발효식품이 있어 장류 문화권에 속한다. 그러나 우리나라는 장류 문화권 중에서도 독특하게 그 가짓수가 많고 매우 긴 역사를 가지고 있어 종주국을 자처해도 좋을 만하다. 우리나라는 장류를 맛을 내는 조미료로 사용할 뿐 아니라 여러 가지 요리의 부재료로 이용하기도 하므로 우리나라 전통조미료의 맛은 장류가 지배해 왔다고 해도 과언이 아니다.

장류의 명칭은 시대나 지역에 따라 조금씩 다르게 불렀다. 삼국시대에는 '장' 과 '시' 라 불렀으며, 고려시대에는 '시' 의 냄새를 '고려취(高麗臭)' 라 했다. 《증보산림경제》(增補山林經濟, 1766)에서는 말장(末醬)에 대한 기록이 보이는데 이를 '메조' 라 부르다 후에는 '메주' 라는 말로 바뀌었으며, 이것이 일본으로 건너가 '미소' 가 되었다. 간장은 '양장(陽醬)' 으로 쓰기도 하며, 맑은 장은 '청장(淸醬)', 묵은 장은 '진장(陳醬)', 맛이 좋은 묵은 장은 '진장(眞醬)' 으로 표현한다. 또한 간장을 '지령', '지럼' 으로, 청국장을 '전국장(戰國醬)' 이라 하기도 했다. 고추장은 《증보산림경제》에서 '만초장' 이라 기술하기도 했다. 된장과 간장의 조장법이 위주로 되었을 때도 소두장(팥된장)과 청대콩을 따서 담그는 청태장도 된장류에 곁들여 있었다.

간장과 된장은 일 년 중 어느 시기에 담갔는지에 따라 정월장, 이월장, 삼월장 등으로 나뉘며 이에 따라 소금, 물, 메주를 넣는 양이 조금씩 달라진다. 또 합장(덧장)이라 하여 미지근한 물에 불린 메주에 한 해 전에 미리 담가 놓은 간장을 부었다가 걸러서 다시 달여 더욱 감칠맛 나는 간장도 있다. 익산 지방에서는 이렇게 만든 간장을 '집장' 이라고 하고 무주 지방에서는 '진미장' 이라고 한다.

(1) 간장 · 된장의 재료

메 주

메주는 따뜻한 곳에서 발효시키는 동안 볏짚이나 공기로부터 여러 미생물이 자연적으로 들어가 콩의 성분을 분해할 수 있는 단백질 분해효소와 전분 분해효소를 분비하여 간장의 맛과 향을 더해 준다. 좋은 메주는 겉이 단단하고 속은 말랑말랑하다. 곰팡이는 흰색이나 노란색을 띄는데, 속에 검은색이나 푸른색 빛이 도는 것은 잡균이 번식한 것이다. 메주의 색은 붉은 빛이 도는 황색이나 밝은 갈색이 나게 뜬 것이 좋으며, 재래식 메주는 쪼개면 조금 검은색을 띠는 것이 일반적이다.

소 금

장을 담그는 데 있어서는 소금의 선택이 아주 중요하다. 소금의 주성분은 염화나트륨(Nacl)이며 그 외 미량의 칼슘염, 마그네슘염, 칼륨염, 철 등을 함유하고 있다. 장에 이용되는 소금은 굵은 소금으로 천일염(호렴)을 사용한다. 가을에 굵은 소금을 미리 구입하여 소금자루 밑에 막대기를 받쳐 간수가 저절로 빠지도록 하면 좋다.

물

오염되지 않은 깨끗한 맑은 물, 생수 등을 사용한다. 수돗물의 경우 물에서 소독약 냄새가 나면 2~3일 정도 두어 냄새가 없어진 후에 이용하도록 한다.

고 추

붉은 색을 띠며 잘 마른 것으로 사용한다. 잡귀를 멀리 쫓는다는 주술적인 의미가 있으며, 고추에 함유된 매운 성분인 캡사이신(capsaicin)은 살균 및 방부효과가 있다.

숯

숯은 간장 발효과정에서 생기는 이상 발효로 인한 냄새 성분을 흡수하고 간장을 맑게 해 주는 효과가 있으며, 액을 예방하는 주술적인 의미도 지닌다.

대 추

대추의 붉은색은 간장 맛에 단맛이 우러나도록 기원하고 액을 쫓는 의미가 있다.

(2) 간장 · 된장 만들기의 사전준비

소금물 풀어 가라앉히기

청정수에 미리 소금을 풀어 녹이고 가라앉힌다. 독에 시루를 얹고 시루 밑에 큰 베보자기를 깐 다음 소금을 넣고 물을 부어 녹이면서 필요한 양의 소금물을 얻는다. 잘 녹지 않을 경우 막대기로 휘젓는데, 소금이 다 풀린 뒤 가만히 두면 깨끗한 찬물처럼 된다.

메주, 물, 소금의 비율

간장이나 된장을 만들기 위한 소금과 물의 비율은 예부터 물 1말에 소금 4되로 한다고 전해지는데, 이는 보통 20~26% 소금 농도의 소금물을 만든다고 생각하면 된다. 간장을 제조할 때 소금물은 17~19%로 한다고 하지만 일반적으로 재래식 간장의 소금 농도는 20~26% 용액으로 만든다. 소금물에 비하여 메주 양이 많으면 청장이 적게 나고 메주 양이 적으면 장 빛이 매우 흐리고 맛이 좋지 않다. 부었던 소금물은 시일이 지날수록 메주가 불어서 소금물이 줄고 또 볕에 쬐이는 동안에도 줄어든다.

2~3월에 간장을 담가 60일 만에 뜨면 처음 소금물 절반 분량의 청장이 나온다. 메주콩 소두 1말에 물 소두 2~4말까지 잡는데, 보통은 3말(30L)을 잡는 경우가 많다.

장 독

장독은 옹기가 좋으며, 키가 크고 배가 너무 부르지 않으며 일조량을 많이 받기 위해서 주둥이가 넓은 것이 알맞다.

장독의 모양은 지역에 따라 조금씩 다른데, 중부지방이 남부지방보다 배 부분의 지름이 좁으며 키가 크고 입이 넓다. 이는 중부의 기온이 남부보다 낮으므로 볕을 더 많이 쬐게 하기 위함이다.

또한 메주와 소금물의 양이 독에 비해 너무 적으면 간장 · 된장 만들기에 좋지 않으므로 독은 작은 것으로 택한다. 독에 소금물을 부어 독전 언저리에서 한 뼘 정도 내려갈 정도로 메주를 쌓아 넣고 소금물이 차야 알맞은 크기가 된다. 독은 햇볕이 잘 드는 곳에 두어야 하며, 3일째 되는 날 뚜껑을 열어 햇볕을 쬐이도록 하고 저녁에는 뚜껑을 덮어 둔다.

장독대

큰 독에서부터 작은 항아리까지 정리정돈이 잘 되어 있는 장독대는 그 집안의 분위기를 반영할 정도로 장독대는 우리 음식의 전통적 보고이다. 큰 독은 주로 간장독이며, 중두리에는 된장이나 막장 등을, 항아리에는 고추장을 담는다.

예부터 장독대는 집안에서 가장 신성한 곳으로, 장독은 질서정연하게 놓아 균형을 이루도록 하였으며 그늘이 지거나 벌레가 날아오지 않도록 하기 위해 주변에 나무를 심지 않았다. 장독대 바닥에는 탄탄하게 돌을 깔고 장독이 놓일 자리에 전석(磚石)을 일정간격으로 놓아 햇볕을 잘 쬐이며, 비가 와도 물이 잘 빠지도록 해야 한다. 장독은 매일 찬물로 깨끗이 씻어 청결을 유지하고 장독의 호흡기능을 유지시킴으로써 장맛이 변질되지 않도록 한다.

장을 뜨는 시기와 방법

정월장은 물 10L에 2~2.2kg 정도의 소금을 넣어 약간 싱겁게 담고 70~80일 후 간장, 된장을 가른다.

2월장은 정월장보다 소금을 조금 더 넣어 50~60일에 뜨게 하며, 4월장을 담글 때는 물 10L에 소금 3kg을 넣어 약간 짠 편으로 장을 담그고 40일이면 장을 가른다.

(3) 간 장

간장은 단백질과 아미노산이 함유된 발효용액으로, 음식의 맛을 좌우할 정도로 식생활에 중요한 조미료이며, 오랫동안 저장이 가능한 식품이다.

우리나라 고유의 재래식 간장 · 된장은 콩과 소금물을 주원료로 한다. 간장은 콩을 삶아 갈아 만든 메주를 띄워(발효) 50~60일간 소금물에 담가 발효시켜 우려낸 뒤 거른 액체에 물을 붓고 달여서 만든다. 이때 간장을 거르고 남은 나머지로 된장을 만든다.

우리나라 재래식 간장은 오늘날 공장에서 생산되는 개량식 간장과는 재료의 맛과 성분에 차이가 있다. 재래간장의 맛은 발효기간을 거치는 동안 효소와 미생물의 작용, 즉 아미노산, 당, 유기산의 분해에 의해 형성되는데, 아미노산의 구수한 맛, 당분의 단맛, 소금의 짠맛, 여러 가지 유기성분의 향미가 어우러져 간장 특유의 향과 맛을 지니게 된다. 재래간장은 개량간장에 비해 대개 염도가 높으며, 영양 면에서는 개량간장이 재래간장에 비해 좋은 편이다.

간장의 종류 및 원료

종 류	제조방법	미생물과 특성
재래간장 (조선간장)	콩만을 원료로 하고 소금물에 담근 것 • 겹간장 : 간장에 다시 메주를 넣어 진하게 만든 간장 • 진간장 : 검은콩을 띄워서 소금물에 담그는 간장 • 덧장 : 장물에 다시 메주를 넣어서 담그는 간장 • 접장 : 메주를 소금물에 불려 다시 간장을 부어 담그는 간장 • 청장(淸醬) : 담근 지 1~2년 정도 되고 맑은 색이 연하여 국 끓이는 데 쓰이는 간장	바실러스 서브틸러스(*Bacillus subtillis*)에 의해서 착색한 미생물이 단백질 분해효소 프로테아제와 전분질 분해요소 아밀라아제를 분비
양조간장 (개량간장)	• 일본간장, 대량생산 공장에서 제조 • 콩과 탈지대두, 밀 등을 원료로 하고, 종국을 접종 배양시켜 소금물에 담근 장	코지곰팡이(*Aspergillus oryzae*)를 사용. 아밀라아제, 프로테아제 효소를 많이 생성하여 분해 발효
산분해간장 (아미노산 간장)	탈지대두, 밀가루 글루텐에 염산을 가하여 가수분해 하여 아미노산을 생성시키고 중화제(Na_2Co_3)로 중화시켜 여과하여 만든 간장	HCl, Na_2Co_3 약품. 값싼 간장
효소분해간장	탈지대두, 밀가루 효소제, 소금물 양조간장의 제조법과 같이 전처리, 제구처리를 거쳐 2~5일간 -5~5℃에서 냉염 침적시킨 것과 별도로 제국하여 만든 간장에 효소제를 첨가한 것을 혼합하여 35~40℃에 2~3일간 숙성시켜 얻은 간장	곰팡이, 아스페르길루스 오리제(*Aspergillus oryzae*), 효소제, 아밀라아제, 프로테아제
혼합간장	양조간장, 산분해간장, 효소분해간장을 혼합하여 만든 간장	100% 양조간장보다는 값이 싼 개량간장
어장(魚醬)	멸치, 바지락 등의 어패류를 원료로 미생물의 힘을 빌리지 않고 자체 내의 효소에 의해서 분해 숙성됨	조미료와 간장 대용으로 널리 쓰이고 그 종류도 많다.

재래간장과 개량간장의 성분비교

단위 : %

구 분	재래간장	개량간장
비 중	1.202	1.184
염 분	26.3	16.1
총 질소	0.58	1.51
아미노화질소	0.54	0.91
총 당량	1.23	4.40
환원당	0.82	2.69

자료 : 이서래(1986). 한국의 발효식품. 이화여자대학교 출판부.

(4) 된 장

재래식 된장은 간장을 담글 때 남은 건더기를 사용하여 만든다. 간장을 떠낸 뒤 남은 메주를 고루 비벼서 항아리에 담고 웃소금을 뿌려 보관하는데, 메주를 만들 때 사용한 재료의 종류와 양, 숙성시간, 소금의 양 등에 따라 풍미가 달라질 수 있다. 된장의 독특한 맛은 콩 단백질이 분해되어 생성된 아미노산, 전분이 분해되어 생성된 당, 발효과정에서 생성된 젖산, 구연산, 호박산, 초산 등의 유기산들이 혼합되어 만들어진다.

된장도 지방에 따라 재료를 조금씩 달리하여 만들기도 한다. 보리쌀을 갈아 찐 것에 메줏가루를 버무린 다음 끓여 식힌 소금물을 부어 간을 맞춘 가루장은 강원도의 된장이다. 제주도에는 보리장이라 하여 보리쌀을 삶아 띄운 다음 가루로 빻아 콩가루와 반반으로 섞고 메줏가루와 끓인 소금물로 간을 맞추어 담그는 된장도 있다.

《조선무쌍신식요리제법》(朝鮮無雙新式料理製法, 1924)에는 콩장, 팥장(小豆醬), 대맥장이라 하여 검은콩과 보릿가루로 만든 것이 있고 즙장(汁醬), 무장(담수장), 가집장, 어장, 육장, 청대장 등과 고추장, 팥고추장, 벼락장, 두부장, 비지장, 고기를 넣어 만든 잡장이라는 별미의 장도 소개되어 있다.

(5) 고추장

고추장은 조선시대 16세기 이후 고추가 우리나라에 전래된 이후 만들어지기 시작했다. 이미 콩 발효식품으로 장이 널리 이용되고 있었기 때문에 고추가 도입되자 우리 민족의 창의성이 발휘되어 고유한 식품인 고추장이 제조된 것이라 여겨진다.

고추의 전래시기 및 경로에 관한 기록은 일본 문헌 《초목육부경종법》(草木六部耕種法)에서

"고추는 1542년에 포르투갈 사람이 비로소 일본에 전했다."고 하였다. 우리나라 문헌인 《지봉유설》(芝峯類說, 1613)에서 "고추에는 독이 있다. 일본을 거쳐 온 것으로서 왜겨자라고도 한다."고 했다. 그 왜를 일컫는 이름으로 남만초, 번초(蕃椒), 왜초, 당초(唐椒) 등이라 불리면서 조미료로서의 역할과 새로운 식품개발을 하는 촉진제 역할도 했다. 또 일본의 유명한 학자가 지은 《대화본초》(大和本草, 1709)에는 "옛날에는 일본에는 고추가 없었는데 도요토미 히데요시(豊臣秀吉) 공이 조선을 정벌하였을 때 그 나라에서 고추 종자를 가져왔기 때문에 고추를 두고 '고려호초(高麗胡椒)'라 한다."라고 하였다.

《증보산림경제》에는 '만초장'이라는 이름으로 고추장 제조방법이 최초로 기록되어 있으며, 짠맛과 단맛, 참깨의 맛 외에 변법으로 맛을 내는 방법까지 기술하였다. 그 이후 〈농가월령가〉 3월령과 《규합총서》(閨閣叢書, 1809)에도 관련 기록이 있어 이 시기에 이미 고추장 담그기가 연중행사였음을 짐작할 수 있다.

고추장의 기본 맛은 매운맛, 짠맛, 단맛, 새콤한 맛, 감칠맛으로 구성되어 있다. 고추장 영양

고추장의 분류

구분		재료 및 용도
전분질 고추장	찹쌀고추장	찹쌀, 고춧가루, 메줏가루, 소금, 엿기름–초고추장, 조미료
	멥쌀고추장	멥쌀, 고춧가루, 메줏가루, 소금, 엿기름
	밀가루고추장	밀가루, 고춧가루, 메줏가루, 소금, 엿기름–찌개용, 장아찌용
	보리고추장	보리, 고춧가루, 메줏가루, 소금, 엿기름–쌈용
	고구마고추장	고구마, 고춧가루, 메줏가루, 소금, 엿기름
	무거리고추장	쌀, 고춧가루, 메줏가루, 소금–찌개용
	수수고추장	수숫가루, 고춧가루, 메줏가루, 소금, 엿기름가루
	팥고추장	팥, 쌀, 콩, 고춧가루, 메줏가루, 소금
과일 고추장	대추고추장	곡류, 대추, 고춧가루, 메줏가루, 소금–초고추장, 조미료
	자두고추장	곡류, 자두, 고춧가루, 메줏가루, 소금
엿 고추장 (꼬장)	엿꼬장	쌀엿, 곡류, 메줏가루, 엿기름, 콩가루, 고춧가루, 소금
	현대식 즉석고추장	고춧가루, 메줏가루, 액젓, 쌀엿
특수 고추장	두부고추장	고추장, 두부
	마늘고추장	고추장, 마늘
	약고추장	고추장, 대추, 육포가루, 꿀

* 막고추장 : 찌개용
* 초고추장 : 햇고추장으로 쌈용, 볶음용, 찍어 먹는 데 사용
* 장아찌 고추장 : 묵은 고추장 사용

에서 특이할 만한 것은 탄수화물이 43g으로 단백질 5.9g, 지질 2.4g에 비해 많으며 무기질이 8.2g(칼슘 55mg, 인 145mg, 철 1.9mg, 나트륨 2,510mg, 칼륨 4.6mg)이다. 비타민은 레티놀이 2,333㎍으로 많은 편이고 비타민 B_1, 비타민 B_2 도 약간 함유되어 있다.

일반적으로 사용하고 있는 고추장은 찹쌀고추장, 보리고추장, 밀고추장 등이며, 지방의 이름을 딴 순창고추장, 해남고추장, 진주엿고추장 등도 있다.

(6) 청국장

청국장은 가을에서 다음해 봄까지 만들어 먹는 대두 발효식품으로 콩 발효식품류 중 가장 짧은 기일에 완성할 수 있는 장이다. 삶은 콩을 시루에 담아 짚을 깔고 40～50℃의 더운 곳에서 2～3일 동안 발효시킨 뒤 끈끈한 실이 생기면 소금, 파, 마늘, 고춧가루 등을 섞어서 만들며, 대개는 찌개용으로 이용된다.

최초의 청국장은 조선 중기의 《증보산림경제》와 《산림경제》에 '전국장(戰國醬)'으로 기록되어 있다. 이것은 삶은 콩을 띄워 절구에 찧어 만든 것이라는 설과 17세기 병자호란에 청나라 군대가 운반하기 쉬운 '시'의 무리임을 보고 청국장이라 부르게 되었다는 설이 있다.

쌀을 주식으로 하는 우리나라를 비롯하여 일본, 중국 사람들에게도 청국장은 유용한 단백질 급원식품이며, 최근에는 청국장에 들어 있는 납두균(*Bacillus natto*)의 기능성을 높이 평가되고 있다. 찌개를 펄펄 끓일 때 5분 이상 끓이지 않도록 하여 먹는 것이 납두균을 살리는 데 효과적이다.

(7) 기 타

특별한 재료로 장맛을 낸 특수 장인 충청도의 예산집장, 전라도의 나주집장, 익산집장, 진양집장, 밀양집장, 경상도의 거름장(집장), 서울 무장, 황해도 무쟁이, 충청도 비지장, 경상도 등겨장, 향신료를 이용한 겨자장 등도 향토음식으로 알려져 있다.

간장 · 된장용 메주

재료 및 분량
대두 1말(7.2~8kg)
물 적량

재래식 된장과 간장을 만들기 위한 메주를 만들 때 그 재료인 대두(메주콩)의 계량은 아직까지 말(斗)을 주로 사용한다. 젊은 사람들은 그 계량 단위를 정확히 몰라 메주 만드는 데 어려움이 많았으므로, 말과 킬로그램과의 관계를 먼저 설명하고자 한다.

대두를 구입할 때 1말은 깎아서 계량하면 7.2kg이 되고, 고봉으로 계량하면 8kg이 된다. 7.2kg 1말을 메주로 만들어 완성하면 만든 정도에 따라서 아주 잘 말렸을 때 6kg까지 무게가 줄어든다. 또 고봉 1말로 메주를 만들어 발효시켜 말리면 7~8kg까지 되기도 한다. 그러므로 1말의 콩으로 메주를 만들면 일반적으로 7kg(평균 4덩어리)이라고 계산한다.

【만드는 법】

一 빛깔이 곱고 윤기 나는 국산 콩으로 준비하여 잡티와 돌을 골라내고 2~3번 물을 갈아가며 씻어 하룻밤 물에 불린다.

二 바닥이 두꺼운 솥에 불은 콩을 넣고 물이 콩 위로 6~7cm 올라오도록(손을 담갔을 때 물이 손목까지 올라오는 정도) 넉넉히 물을 부어 삶는다. 콩이 끓어오르면 불을 약하게 줄여 5시간 정도 푹 삶는다. 메주 냄새가 나면 손으로 만져 보아 잘 으깨어지면 불을 끈다.

三 누렇게 푹 익은 콩을 큰 소쿠리에 면포를 깔고 쏟아 식힌다. 손으로 만질 수 있을 정도로 콩이 식으면 절구에 곱게 찧어 덩어리를 만들어 도마나 나무 위에서 치대면서 네모지게 모양을 만들어 놓는다. 콩 1말이면 목침 모양으로 3~5개 정도 만든다(대개는 3~4덩어리).

四 따뜻한 방안이나 마루에서 나무판이나 볏짚을 깔고 만들어 놓은 메주를 가지런히 올려 겉을 말린다. 15~20일 정도 말려 표면이 꾸덕꾸덕해지고 곰팡이가 피면 메주를 새끼줄로 엮어서 햇볕이 잘 드는 곳에 매달아 흰 곰팡이가 켜켜로 피고 속이 고루 잘 마를 때까지 둔다.

고추장용 메주

【만드는 법】

一 된장용 메주를 만들 때와 같이 콩을 푹 익힌 후 절구에 찧어 놓는다.

二 쌀가루로 흰 무리떡을 찐다.

三 콩과 흰 무리떡을 함께 찧은 후 자그맣고 둥근 모양으로 빚어 메주를 만든다.

四 메주를 적당히 말린 후 새끼줄로 엮어서 매달아 띄운다.

재료 및 분량

대두 1말(7.2~8kg)

쌀 2되(1.6kg)

재래식 간장

재료 및 분량

메주 1말(3~5덩어리)
물 3말(30L)
마른 대추 5~10개
마른 고추 5~10개
참숯(大) 5개

물 잡기 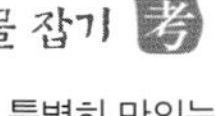

- 특별히 맛있는 간장 :
  물 2말(20L) + 소금 4~4.6kg
- 일반적인 재래 간장 :
  물 3말(30L) + 소금 6~7kg
- 맛이 적은 청장 :
  물 4말(40L) + 소금 8~9.5kg

장의 종류별 숙성 정도 

- 정월장 : 70~80일
- 2월장 : 50~60일
- 3월장 : 40~50일

【만드는 법】

一 항아리를 잘 씻어 끓는 물을 부어 소독한 뒤 햇볕에 바싹 말려 둔다. 빨갛게 달군 참숯을 항아리 바닥에 넣으면 소독 효과가 커진다.

二 메주는 잘 떠서 곰팡이가 고루 핀 것을 준비해 먼지를 털어 내고 솔로 문질러 가며 흐르는 물에 재빨리 씻은 다음 채반에 펼쳐 널어 2~3일 동안 햇볕에 말린다. 말리는 과정에서 유해한 미생물인 아플라톡신(aflatoxin)의 번식을 제거하게 된다.

三 소쿠리에 베보자기를 깔고 소금을 담아 물을 조금씩 부어가며 소금물을 만든다. 이것을 하룻밤 정도 그대로 두고 가라앉힌다. 소금 찌꺼기가 가라앉으면 윗물만 가만히 따라 붓고 찌꺼기는 버린다.

四 소독해 놓은 항아리에 소금물을 붓고 메주를 넣는데, 소금물의 농도가 적절하면 메주가 떠오른다. 재래식 간장은 개량식보다 염도를 더 높게 하는데, 정월장은 20~22%, 이월장은 20~24%, 이후에는 22~26% 정도이다. 메주가 가라앉으면 간이 싱거운 것이며, 소금물의 농도는 달걀을 띄웠을 때 절반 정도 잠기는 것이 적당하다.

五 물에 뜬 메주에 굵은 소금을 뿌려 곰팡이가 생기는 것을 막는다. 여기에 깨끗이 씻은 대추, 고추를 넣은 후 참숯을 불에 달궈 (칙 소리가 나도록) 넣고 항아리 뚜껑을 덮은 다음 행주로 항아리를 깨끗이 닦는다. 큰 소창으로 항아리 뚜껑에 맞추어 항아리를 덮는다.

六 장 담근 지 3일째 되는 날 뚜껑을 열고 메주의 상태를 본다. 국물을 찍어 먹어보아 간이 부족하면 소금물로 간을 맞춘다.

七 담근 지 40일이 지나면 어레미에 밭쳐 간장을 따르고 거품을 걷어 내며 80℃ 정도에서 20분간 달인다. 이때 남은 메주는 건져 된장 만들 때 사용한다.

합장_덧장

합장은 한해 전에 담근 장을 사용하여 맛이 더 진하게 담근 장이다. 햇간장에 메주를 더 넣어 3년 정도 두면 감칠맛이 좋고 빛깔이 진한 간장이 된다.

재료 및 분량
햇간장 1말(30L)
메주 2덩이

【만드는 법】

一 메주는 깨끗이 손질하여 빈 독에 넣고 메주가 간신히 잠길 정도로 끓여서 미지근하게 식힌 물을 부은 다음 뚜껑을 덮고 3일 정도 둔다.

二 메주가 적당히 불면 햇간장을 부어 띄우고, 낮에는 뚜껑을 덮은 채 햇볕을 쪼이도록 한다.

三 후에 어레미에 밭쳐 간장을 따라 내고, 남은 메주는 된장을 만들 때 사용한다.

맛간장

가정에서 필요할 때마다 수시로 만들어 먹을 수 있는 간장이다.

재료 및 분량
간장 2L
채소물 1컵
설탕 0.5~1kg
정종 2컵
맛술 1½컵
사과 1개
레몬 1개

채소물
양파 200g
당근 50g
마늘 30g
생강 20g
물 2컵
정종 1/2컵
통후추 1큰술

【만드는 법】

一 모든 채소물 재료를 잘게 썰어 냄비에 넣어 끓이면서 절반 양(1컵)으로 조려서 채소물을 만들어 놓는다. 이때 표고 불린 물을 넣어 끓이면 훨씬 맛이 좋다.

二 냄비에 간장, 채소물, 설탕을 함께 넣고 끓이다가 불을 끈 상태에서 정종과 맛술을 섞은 다음 다시 한소끔 끓인다.

三 사과와 레몬은 편으로 썰어 한데 넣고 뚜껑을 덮어 24시간 두었다가 걸러서 병에 넣어 두고 사용한다. 소독이 된 병에 넣어 두면 상온에서 6개월간 보관할 수 있다.

된 장

재료 및 분량
젖은 메주 덩어리
굵은소금 조금

【만드는 법】

一 간장 담글 때 간장을 퍼내고 남은 메주를 큰 그릇에 담아 손으로 부숴가며 고루 치댄다. 이때 메주가 너무 되직하면 간장을 조금 붓고 고루 섞여 부드럽게 될 때까지 치댄다.

二 된장 맛을 보아 싱거우면 소금을 섞거나 소금물을 뿌려 간을 맞춘다. 항아리 바닥에 소금을 뿌린 뒤 치대어 으깬 된장을 꼭꼭 눌러 담고 위에 굵은 소금을 하얗게 뿌린다. 항아리 입구에 망을 씌워 묶고 뚜껑을 덮은 후 마른 수건으로 항아리를 잘 닦아 물기를 제거한다.

三 이틀 정도 두었다가 3일째 되는 날부터 햇볕에 쬐는데, 낮에는 뚜껑을 열고, 밤에는 뚜껑을 덮어 두기를 10일 정도 계속한다. 한 달 동안 이틀에 한 번씩 뚜껑을 열어 둔다. 이렇게 40일이 지나면 뚜껑을 덮어 볕이 좋은 날만 뚜껑을 열어 햇볕에 쬐인다. 장은 햇볕을 많이 쬘수록 맛이 좋다.

보리막장

막장은 날메주를 가루로 빻아서 소금물로 질척하게 말아 숙성시켜서 날로 먹는 쌈장으로, 막 담아 먹는다고 하여 막장이라 부른다.

막장은 일반 메주로 만들기도 하지만 막장용 메주를 미리 쑤어 놓기도 한다. 콩에 곡식가루를 섞어 작게 만들어 띄우며 담근 후 보름 정도 지나면 익게 되므로 소금은 조금만 넣어 짜지 않도록 한다. 막장용 메주는 콩과 멥쌀이나 보리쌀을 3 : 1 비율로 준비하고 삶은 콩과 흰무리로 찐 쌀과 함께 찧어 주먹만큼씩 뭉쳐 짚으로 싸매 노랗게 띄운다.

재료 및 분량
보리쌀 3kg
엿기름 1되(400~500g)
메줏가루 700~800g
소금 700g
고춧가루 1컵
물 적량

【만드는 법】
一 보리쌀을 맷돌에 갈아서 가루로 만든 후 물을 넣고 버무린 후 찐다.
二 엿기름은 물에 풀고 여러 번 박박 치대어 엿기름물을 받아 둔다.
三 쪄 놓은 보리밥에 엿기름물을 넣어 섞은 후 메줏가루와 소금, 고춧가루를 함께 넣고 섞는다.
四 2~3일 동안 따뜻한 곳에서 숙성시킨다.

막 장

재료 및 분량
막장가루 1kg
물 1.5L
소금 250g
물엿 · 고춧가루 조금

【만드는 법】
一 막장가루에 물을 넣고 버무린 후 소금, 물엿, 고춧가루를 넣고 섞는다.
二 2~3일 동안 따뜻한 곳에서 숙성시킨다.

담북장

재료 및 분량
메줏가루 4컵
고춧가루 1컵
16% 소금물 2컵
간장 1컵

메줏가루와 고춧가루, 소금을 잘 섞어 알맞게 간을 맞춘 것으로 3~4일 후에 찌개 재료로 급히 먹을 수 있도록 만든 장류이다. 담북장을 담그는 방법은 지역에 따라 메주를 고운가루로 만들기도 하고 거칠게 쪼개어 사용하기도 한다. 충청도와 경상도 지역에서는 늦가을 콩을 쑤어 더운 곳에서 띄워 고춧가루, 소금을 넣고 잘 찧어 항아리에 담아 익힌다.

【만드는 법】

一 작은 크기의 잘 뜬 메주를 바싹 말린 다음 먼지를 솔로 털고 잘게 조각내어 가루로 만든다.

二 메줏가루를 고운체로 치고 고춧가루와 함께 섞어 소금물과 간장으로 간을 맞춘다음 항아리에 꼭꼭 눌러 담고 발효시킨다. 따뜻한 곳에서 익히면 며칠 내로 먹을 수 있다.

찹쌀고추장

【만드는 법】

一 찹쌀을 깨끗이 씻어 물에 하룻밤 담가 두었다가 건져 물기를 뺀 후 가루로 빻는다. 엿기름가루를 베보자기 자루에 넣고 주물러서 엿기름물을 받아 둔다.

二 찹쌀가루에 끓는 물을 서너 번 나누어 넣고 치대어 익반죽한 뒤 큼직하게 경단을 빚는다. 경단 가운데를 얇게 만들어 끓는 물에서 떠오를 때까지 삶아 건진 다음 넓은 그릇에 넣고 방망이로 계속 저어 가며 으깨(경단 삶은 물을 조금씩 부어가며) 풀어서 되직한 찹쌀풀을 만든다. 단맛을 내려면 엿기름물을 조금씩 넣어 풀어도 좋다.

三 메줏가루에 햇간장(맑은 간장)이나 소금물을 넣어 버무린 뒤 찹쌀풀과 고루 섞어 잡물이 들어가지 않도록 베보자기를 덮어 하룻밤 둔다.

四 하룻밤 두었던 고추장에 고춧가루를 고루 섞은 다음 소금으로 간을 맞춘다.

五 고추장을 항아리에 담고 위에 소금을 넉넉히 뿌려 입구를 망으로 덮은 후 햇볕을 쬐어 가며 숙성시킨다.

재료 및 분량

찹쌀 5되(4kg)
메줏가루 1½되(1kg)
고춧가루 3~4되(10kg)
햇간장 1½컵 또는
소금물(소금 2.4kg+물 적량)
엿기름가루 2되
소금 적량

가평 시골 고추장 판매업소의 재료 분량(2007년도)

찹쌀 4kg
메줏가루 4kg
고운 고춧가루 10kg
소금 2.2~2.4kg
찹쌀엿 700g 또는 엿기름물 2컵

보리고추장

재료 및 분량
보릿가루 2되
쌀가루 1되
고춧가루 1되
메줏가루 5홉
소금 1되
물 2되

색이 찹쌀고추장과 같이 새빨갛지 않고 조금 어둡지만 보리의 구수한 맛이 있는 고추장이다. 보리고추장은 쌀을 섞어서 소금물을 부어 풀을 쑤듯 하여 메줏가루와 고춧가루를 넣고 고루 섞어 만든다.

【만드는 법】
一 보릿가루와 쌀가루에 소금물을 부어 되직하게 죽을 쑨다.
二 一에 메줏가루를 잘 섞어서 하루 동안 덮어 두었다가 다음날 고춧가루를 넣고 주걱으로 잘 섞는다.
三 이것을 항아리에 꾹꾹 눌러 담고 위에 소금을 약간 뿌려 입구를 망으로 봉해서 덮어 둔다.

감고추장

재료 및 분량
감 10개
찹쌀가루 3되(2.5kg)
고춧가루 2되(1.2kg)
메줏가루 1되(700g)
물엿 1~2근(800g)
소금 700g
간장 1컵
물 적량

감이 많이 생산되는 지역에서 담가 먹는 과일고추장의 한 종류이다.

【만드는 법】
一 감을 잘게 썰어 물을 넣고 끓여 감물을 만든다.
二 준비한 감물로 찹쌀가루를 반죽하여 방망이로 치대며 덩어리 없이 푼다.
三 찹쌀반죽에 고춧가루와 메줏가루를 넣어 덩어리지지 않도록 풀어 주면서 섞는다.
四 소금과 간장으로 간을 맞추고 항아리에 담아 일주일 정도 햇볕을 쪼이면서 한두 번씩 고루저어 주고 한 달 동안 숙성시킨다.

즉석 현대식 꼬장

소금 대신 액젓을, 엿 대신 삭힌 엿기름물을 사용하여 만든 고추장을 꼬장이라 한다. 고춧가루, 메줏가루, 액젓, 물엿의 부피 비율을 6 : 2 : 3 : 3으로 하여 순서대로 섞기만 하면 곰팡이도 나지 않고 맛있는 꼬장이 된다.

재료 및 분량
고춧가루 3컵
메줏가루 1컵
액젓 1.5컵
물엿 1.5컵

【만드는 법】
一 고춧가루와 메줏가루를 고르게 섞는다.
二 一에 액젓을 넣고 고루 버무린다.
三 二에 물엿을 조금씩 넣으면서 주걱으로 젓는다.
四 만들어진 고추장을 병이나 항아리에 넣어 2~3일 동안 숙성시킨다.

전통쌈장

쌈장은 고추장과 된장, 파, 마늘, 참기름 등을 고루 섞어 만들며 여러 가지 쌈의 장으로 사용한다. 일반적인 쌈장은 고추장과 된장을 1 : 1 또는 2 : 1 비율로 섞는데, 입맛에 따라 비율을 알맞게 조절할 수도 있다.

재료 및 분량
쇠고기 100g
된장 3큰술
고추장 1큰술
다진 파 2큰술
다진 마늘 1큰술
설탕 1큰술
깨소금 1큰술
참기름 1큰술

【만드는 법】
一 쇠고기를 곱게 다져서 볶는다.
二 볶은 쇠고기에 된장, 고추장, 다진 파, 다진 마늘, 설탕, 깨소금, 참기름을 분량대로 섞는다.

전통쌈장 활용방법 

- 중탕으로 찌기도 하고, 뚝배기에 넣고 물을 조금 섞어 숟가락으로 저어가며 익히기도 좋다.
- 고추, 당근, 오이 등을 찍어 먹기도 하고, 쌈에 얹어 먹기도 한다.

즉석 저염쌈장

재료 및 분량

메주콩 4컵
청둥호박(단호박) 1개
된장 1컵
자염 또는 죽염 1~2큰술
채 썬 마늘 10개
호박씨 · 해바라기씨 · 잣가루 1~2컵
고춧가루 1컵
고추씨가루 1/2컵

환자들도 먹을 수 있도록 연구 · 개발된 쌈장이다. 짜지 않고 맛이 있으며 영양이 풍부하다.

【만드는 법】

一 메주콩을 물에 담가 충분히 불린 뒤 푹 삶아서 절구에 찧는다.
二 청둥호박은 씨를 빼 내고 통째로 쪄서 살을 발라 으깬다.
三 분량의 재료를 고루 섞어서 따뜻한 방 안에서 하루 동안 발효시킨 다음 공기를 빼고 냉장고에 보관한다.

청국장

재료 및 분량

메주콩 1되(700g)
고춧가루 1컵
다진 마늘 3큰술
다진 생강 2큰술
소금 2컵
물 10L(콩의 10배)

여러 가지 맛내기 

다음의 재료를 각각 넣어 맛의 변화를 준다.

1 간장, 고추기름
2 멸치액젓, 겨자즙
3 간장, 고추냉이
4 토마토케첩
5 깨소금, 참기름
6 달걀, 간장

청국장은 납두균에 의해 더운 곳에서 발효되는 동안 실 모양의 점질물이 생긴다. 이때 고춧가루, 마늘 등을 기호에 따라 넣고 약 10~15% 정도의 소금을 넣어 찐 후에 그릇에 담아 차게 보관하여 이용한다.

【만드는 법】

一 메주콩은 불려 삶은 다음 체에 밭쳐 물기를 뺀다.
二 소쿠리에 베보자기를 깔고 물기 빠진 콩을 넣어 감싼 후 이불을 덮고 3일 동안 아랫목에 둔다.
三 3일 뒤 열어 보아 콩에서 끈끈한 실이 나오면 고루 뒤섞어 하루 정도 더 띄운 후 고춧가루, 다진 마늘, 다진 생강, 소금을 함께 넣고 절구에 찧어 항아리에 보관한다.

장 떡

장떡은 개성 지방의 향토음식으로, 먼 길을 떠날 때 휴대하기 쉽고 여름에도 찬으로 이용하는 저장음식이다. 햇된장을 사용하며 다진 고기를 넣거나 파의 흰 부분과 풋고추를 채 썰어 넣고 빚어 참기름을 발라 구워 먹는다.

【만드는 법】

一 쇠고기를 갈아 분량의 양념을 하고 물기가 없도록 볶은 뒤 매우 곱게 다진다.

二 대파와 풋고추, 마늘은 곱게 다진다.

三 볶은 쇠고기와 햇된장, 채에 내린 찹쌀가루, 파, 고추, 마늘, 통깨, 참기름, 후춧가루를 고루 섞어 장떡 반죽을 만든다.

四 반죽을 일정한 크기로 떼어 동글납작하게 빚은 다음 소쿠리에 넣고 바람이 잘 통하는 양지에서 하루 세 번 이상 뒤집으며 일주일 동안 건조시킨다.

五 건조시킨 장떡은 찜통에 넣고 8~10분간 찐 다음 양지에서 일주일 동안 다시 건조시키고, 항아리에 담아 창호지로 입구를 막고 뚜껑을 닫아 상온에서 보관한다.

재료 및 분량

쇠고기(간 것) 100g
햇된장 1컵
찹쌀가루 1/2컵
대파(흰 부분) 1뿌리
풋고추 2개
마늘 2쪽
통깨 1큰술
참기름 · 후춧가루 조금

고기 양념

간장 1작은술
다진 파 5g
다진 마늘 3g
설탕 5g
통깨 3g
참기름 3g
후춧가루 조금

장떡 반죽 

장떡의 반죽에 넣는 찹쌀가루는 밀가루 또는 멥쌀가루로 대용이 가능하다.

제3장

김치

제3장
김 치

김치는 소금에 절인 배추나 무 따위를 고춧가루, 파, 마늘 등의 양념에 버무린 뒤 발효시킨 것으로, 전통저장음식 중에서도 단연 으뜸가는 음식이다. 또한 김치는 젖산 발효식품이므로 곡류를 주식으로 하는 한국인에게는 없어서는 안 될 중요한 음식이자 필수 영양성분이다. 김치를 먹음으로써 식이섬유, 비타민 C; 카로틴, 무기질의 급원이 되고 항산화 및 항암 성분이 많은 마늘, 고추도 많이 섭취할 수 있다.

김치의 원시형인 짠지류는 삼국시대 이전부터 만들었을 것으로 추정되며, 16세기에 현대의 김치 형태를 갖추기 시작하여 17세기부터 고추를 이용한 포기김치가 이용되었다.

대부분의 우리나라 가정에서 일상적으로 먹는 김치의 종류는 한정적이다. 봄에는 햇배추김치와 나박김치를, 여름철에는 열무김치, 오이소박이, 부추김치를 주로 먹는다. 가을에 먹는 배추김치와 깍두기, 총각김치는 일반 가정에서는 물론 어느 곳에서도 쉽게 볼 수 있는 김치이다. 겨울철에는 배추통김치, 갓김치, 파김치, 장김치, 보김치, 비늘김치, 동치미, 굴깍두기, 고들빼기김치, 백김치 등을 담가 먹는다.

김치는 시대의 변화뿐만 아니라 사용되는 주재료에 따라서도 이름과 맛이 달라지면서 종류가 많이 증가되었다. 배추와 무를 비롯한 모든 채소류, 재배하지 않고 자연적으로 자생하는 산채류, 맛의 변화와 영양을 더해 주는 젓갈류와 어육류, 저장성 여부에 변화를 주는 염도, 재료 처리방법의 차이, 재료의 종류와 배합방법의 차이 등에 따라서 맛과 모양의 큰 변화를 보이고 있다.

또한 지역에 따라 젓갈의 사용 종류나 비율도 상당히 차이가 있으며, 이와 더불어 계절적인 영향으로 인해 양념이나 향신료의 종류 및 첨가량에 따라 김치 맛이 달라지므로 그 수는 이루 헤아릴 수 없다. 일반적으로 기온이 낮은 북쪽에서는 염도가 낮은 김치를 담그고, 따뜻한 남쪽

형태에 따른 김치 종류

통김치	숙김치류	깍두기	소박이류	물김치류	보김치류
통배추김치	숙깍두기	숙깍두기	오이소박이	나박김치	보김치
갓김치	숙배추김치	무깍두기	고추소박이	열무물김치	배춧잎말이보김치
알타리총각김치	숙가지김치	무송송이	더덕소박이	갓물동치미	깻잎말이김치
고추씨 무청짠지		굴깍두기	무청소박이	알타리무물김치	양배추보쌈김치
백김치		송송이	당근소박이	얼갈이열무물김치	배추쌈비늘김치
		오이송송이	가지소박이	돌나물물김치	
		양배추송송이	토마토소박이	연근유자물김치	
		무청깍두기	배추쌈소박이	수삼물김치	
		창난젓깍두기		오이지물김치	
		달래깍두기		짠지무물김치	
		겨자깍두기		미나리물김치	
		곤쟁이깍두기		전복물김치	
		알무깍두기		죽순물김치	
				박물김치	

에서는 염도가 높고 양념이 강한 김치를 담그는 경향이 있다.

김치 종류를 엄격히 분류하기는 힘들겠으나 시대별, 주재료별, 지역별, 계절별로 구분하여 대략적으로 설명하고자 한다.

(1) 시대별 분류

부족국가 시대~고려시대

삼국시대에도 채소가 있었고 소금으로 장(醬), 해(醢), 저(菹) 등 발효식품이 있었을 것이라고 문헌을 통하여 알 수 있다. 《삼국사기》(三國史記)의 〈신라본기〉(新羅本紀) 신문왕조에 신문왕(681~691)이 김흠운의 작은 딸을 부인으로 삼기로 하고 납채를 보낼 때 해(醢)가 나와 있는데 이것은 산미식품으로 해(醢), 저(菹) 등이 이에 속한다고 설명되었기 때문에 삼국시대에 어떤 형태로든 저(菹)가 존재했다는 것을 추측할 수 있다.

우리 삼국시대 문화를 전수받아 개발한 일본의 고대 김치에 채소의 소금 절임, 소금과 술에 절인 것, 장에 절인 것, 소금과 술지게미 밥을 섞은 것에 절인 것 등이 있으며, 특히 이런 채소절임이 백제인 수수보리(須須保理)에 의하여 일본으로 전수된 것이다.

고려 성종(成宗) 2년(983) 《예지》(禮志)에는 제사상 차림에 미나리김치(貫芹菹), 죽순김치(筍菹), 순무김치(菁菹), 부추김치(韮菹) 등이 올라간다고 하는 설명이 있다.

또 고려 중엽 이규보(1168～1241)는 《동국이상국집》(東國李相國集, 1241)의 시문에 집의 텃밭에서 기르는 여섯 가지 채소, 즉 가지(茄), 오이(瓜), 파(蔥), 순무(菁), 아욱(葵), 박(匏)에 대하여 시를 읊었고, 그 내용 속에 '지염(漬鹽)' 이라는 김치, 즉 저채류(菹菜類)가 관련적으로 내포되어 있었다. 그러므로 600～700년에는 저(菹)가 있었다고 추측하며 900～1200년 사이에는 분명하게 김치류가 이용되었음을 알 수 있다.

고려 고종 23년에 편찬된 《향약구급방》(鄕藥救急方, 1236)에는 오이, 동아, 후추, 염교, 부추, 아욱, 상추, 파, 무와 함께 배추가 처음 등장하고 조선시대 중엽까지 농서에 배추의 기록이 없다.

옛 중국에서 '숭(菘)' 이라는 야생배추는 추운 겨울에도 시들지 않고 푸르러 '소나무풀' 이라는 이름으로 불렀고 숭의 줄기가 희다 하여 '바이채(白菜)' 라고도 불렀다. 이 바이채가 우리나라에 들어오면서 배추라는 이름으로 정착했다.

1500년경에는 '침채' 와 '작저(作菹)' 를 같은 뜻으로 사용하였고 고려 사회에서 저채류(菹菜類)와 염장채류(鹽醬菜) 등이 보편화되고 있던 것으로 학자들은 보고 있다.

조선시대

조선 중종 13년에 김안국이 지은 《구급벽온》(救急辟瘟, 1518)에 '딤채' 라는 말이 기록되기 시작하였고 조선 중기 22년 《훈몽자회》(訓蒙字會, 1527)라는 책에서는 '저(菹)', '딤채조', '엄채위저(醃菜爲菹)', '제(齏, 菜齏)' 등 저를 딤채('沈菜' 의 발음에서 연유된 것)라 하였다. 약 400년 전인 1611년 전국 진미식품을 소개한 《도문대작》(屠門大嚼)이란 책자에 저채류(菹菜類)로서 함경남도 회양의 '산개저(山芥菹)' 를 소개한 것이 김치류라 할 수 있다.

17세기 중엽 시명의 재취부인 안동 장씨(1598～1680)가 경북에서 《음식디미방》(飮食知味方)을 내었는데, 여기에 일곱 가지 저채류로 동아 담그는 법, 산갓침채, 마늘 담그는 법, 고사리 담그는 법, 생치 침채 담그는 법, 생치잔지히(생치감저), 생치지히(生雉菹) 등이 소개 되어 있다. 1600년대 말 기록에는 순무, 배추, 동아, 고사리, 청대공은 염침(소금에 절임)을, 순무뿌리는 동치미 무염침채를 하였다고 되어 있다.

18세기 초 홍만선(1664～1715)은 농림 및 가공서인 《산림경제》(山林經濟)를 내어 여기에 여덟 가지 저채류(김치류) 만드는 것을 소개하였다. 다시 50년 후 《증보산림경제》(增補山林經濟, 1766)를 내어 채소 제품과 저채류 만들기 34가지를 소개하였는데 여기에 고춧가루를 사용하는 김치가 처음으로 소개되었다.

서유구(1764～1845)는 《임원십육지》(林園十六志, 1827)에서 저채류 만들기를 소개하였고 같은 시대에 서유구의 형수인 전주 이씨(1759～1824)는 한글로 된 요리책 《규합총서》(閨閤叢書,

1809)를 펴냈는데 동치미 섞박지, 동아섞박지 등의 만드는 법을 자세히 설명하였다.

1800년대 《시의전서》(是議全書)에는 어육침채, 섞박지, 통과침채, 향개침채, 숭침채(배추통김치), 장침채(장김치), 호과침채(오이김치, 오이소박이, 오이지), 백김치, 가지김치, 젓무, 오이젓무, 굴김치, 오이지 등이 기재되어 있다.

《동국세시기》(東國歲時記, 1849)의 10, 11월조를 보면 김치 담그기를 침저(沈菹)라 하여 무김치, 배추김치, 동치미, 섞박지, 장김치 등을 많이 담근다고 하였다.

1900년 이후~현재

1800년과 1900년 사이 《규합총서》, 《부인필지》, 《시의전서》 등의 요리서에서 무, 배추가 김치의 주재료로 중요함을 보여 주었다. 양념의 종류도 갖가지여서 잣, 생굴, 청각, 석이 등도 다른 향신료와 동등하게 사용되고 있다.

현재 흔히 만드는 깍두기를 설명한 책은 홍선표의 《조선요리학》(朝鮮料理學, 1940)이다. 이 책에 의하면 정종조(正宗祖, 1776~1800 재위) 대에 왕의 자녀인 숙선 옹주(홍현주의 부인)가 임금께 여러 가지 음식을 새로 만들어 올릴 때 처음으로 '각독기(刻毒氣)' 라 하는 무를 이용한 김치를 만들었는데, 임금이 이를 먹고 대단히 칭찬하였으며, 그 뒤 충남 공주로 낙향한 한 정승이 이 깍두기를 민간에 퍼뜨렸다고 한다.

이 무렵 배추의 품질이 좋아 배추통김치가 만들어지고 개성 보(褓)김치가 만들어져서 명성을 얻었다. 《부인필지》(婦人必知, 1915)에는 《규합총서》에서 발췌하여 김치 만드는 법을 모아 놓았는데 동치미, 용인과지, 장짠지 등에 대하여 상세히 설명하였다.

《시의전서》에는 통배추와 갖은 양념, 젓국과 조기가 등장한다. 또 방신영의 《조선요리제법》(朝鮮料理製法, 1917)에 김치로 나박김치, 동치미, 배추김치, 섞박지, 외지, 용인외지, 장김치, 짠지, 장짠지, 젓국지, 전복김치, 닭김치, 깍두기 등을 설명했다. 그 후 방신영의 《우리나라 음식 만드는 법》(1955)에서는 보통 때 담그는 김치가 28가지, 김장김치가 19가지로 그 종류가 많아졌다.

조자호의 《조선요리법》(1938)은 반가의 전통요리가 잘 소개되어 있는데, 보김치, 배추통김치, 짠무김치, 동치미, 오이깍두기, 닭김치, 장김치, 나박김치, 열무김치, 관원자(꿩김치), 오이김치, 겨자김치, 생선김치 등에 대하여 상세히 설명되어 있다. 《우리 음식》(1948)의 손정규는 교육계에 몸담았던 지성인으로 우리 음식과 함께 김치 담그는 방법 27가지를 자세히 설명하였다. 《이조궁중요리통고》(1957)에는 14가지 김치가 소개되어 있는데 《조선요리법》, 《우리 음식》과 함께 매우 적은 양의 고춧가루를 사용한 것으로 나와 있다.

(2) 주재료별 분류

주재료	김치류	김치명
배 추	배추김치	배추통김치, 백김치, 배추막김치(젓국지), 평양배추김치, 전라반지, 종배추김치, 제주배추김치, 굴김치, 갈치젓배추김치, 유자배추김치, 석류김치(무, 배추), 장김치, 꿩김치, 숙김치, 풋김치, 햇배추김치, 풋배추김치, 배추겉절이, 연배추김치, 해물김치, 북어김치, 수삼김치, 배추쌈석류김치
배 추	보쌈김치류	보쌈김치(보김치), 백보쌈김치, 양배추보쌈김치, 배추쌈비늘김치
배 추	섞박지류	멸치섞박지, 순무섞박지, 명태섞박지, 갈치젓섞박지, 동과섞박지, 대구섞박지, 낙지섞박지
무	깍두기류	무깍두기(소깍두기), 무송송이, 백깍두기, 굴깍두기, 숙깍두기, 무청깍두기, 창난젓깍두기, 햇깍두기, 달래깍두기, 겨자깍두기, 곤쟁이젓깍두기, 채깍두기, 알무깍두기, 부추깍두기
무	동치미류	총각무동치미, 햇무동치미
무	나박김치류	수삼나박김치, 묘삼나박김치, 양배추나박김치, 오이나박김치, 오미자나박김치
무	채김치류	오이무채생채김치, 오징어채김치
무	기 타	감동젓국지, 석류김치, 비늘김치, 멸치젓국지, 골곰짠지, 무짠지, 호박김치, 비지미
열 무	열무김치류	얼갈이열무김치, 애호박열무김치
열 무	무청김치류	무청소박이, 무청젓버무리, 무청짠지
알타리무	알타리김치류	총각김치(총각무김치), 총각무동치미, 전엽통무김치
오 이	오이김치류	오이소박이, 오이송송이, 오이깍두기, 오이지, 오이비늘김치, 배추말이오이소박이
파	파김치	실파김치, 쪽파김치, 오징어파김치, 통대파김치, 마늘잎김치, 전라도파김치
기타 재료	일반 김치류	양배추김치, 부추김치, 갓김치, 돌산갓김치, 고들빼기김치, 상추김치, 쑥갓김치, 마늘김치, 도라지김치, 돌나물김치, 가지김치, 미나리김치, 고수김치, 우엉김치, 시금치김치, 깻잎김치, 콩잎김치, 고춧잎김치, 고구마줄기김치, 상추불뚝김치
기타 재료	물김치류	열무물김치, 알타리무물김치, 배추물김치, 돌나물물김치, 더덕물김치, 수삼물김치, 오이물김치, 갓물김치, 오이지물김치, 미나리물김치, 짠지무물김치, 열무연배추물김치, 전복물김치, 양배추물김치, 콩나물물김치, 무오이물김치, 죽순물김치, 박물김치, 열무인삼물김치, 고구마순물김치, 가지물김치, 연배추물김치
기타 재료	소박이류	오이소박이, 무청소박이, 고추소박이, 당근소박이, 총각무소박이, 가지소박이, 토마토소박이, 배추쌈오이소박이, 통오징어소박이, 더덕소박이
기타 재료	겉절이류	배추겉절이, 양배추겉절이, 열무겉절이, 상추겉절이, 실파겉절이, 부추겉절이, 연배추겉절이, 숙음배추겉절이, 섞박겉절이

(3) 지역별 분류

지 역	김치명
서 울	배추통김치, 백김치, 총각김치, 보쌈김치, 장김치, 나박김치, 오이소박이, 섞박지, 무청깍두기, 굴깍두기, 열무김치, 짠지무물김치, 동치미
경기도	개성보쌈김치, 총각김치, 동치미, 숙김치, 백김치, 무비늘김치, 오이비늘김치, 순무김치, 꿩김치, 채김치, 순무섞박지, 열무김치, 순무짠지, 파김치, 용인외지
충청도	통배추무김치, 쪽파김치, 알타리김치, 가지김치, 깻잎김치, 배추짠지, 무짠지, 오이지, 새우젓깍두기, 나박김치, 비늘김치, 열무김치, 열무물김치, 갓김치, 돌나물김치, 돌나물물김치, 고춧잎김치, 배추고갱이김치, 양파김치, 시금치김치, 더덕김치
강원도	배추해물김치, 북어배추김치, 해물깍두기, 꽁치젓김치, 새치김치(이면수어를 썰어 넣은 것), 아가미깍두기, 대구깍두기, 창난젓깍두기, 북어무김치, 산갓김치, 가자미무식해, 오징어김치, 무청김치, 해초김치, 참나물김치
경상도	배추김치, 동치미, 파김치, 쪽파김치, 멸치젓섞박지, 골곰짠지, 콩잎김치(콩잎쌈김치), 콩밭열무김치, 전복김치, 속세김치, 우엉김치, 부추김치, 풋고추젓김치, 돌나물국물김치, 도라지김치, 고구마줄기김치, 생멸치배추김치, 고춧잎김치, 씀바귀김치, 미나리김치, 들깻잎김치, 갓김치, 박김치, 모젓깍두기, 고수겉절이
전라도	배추김장김치, 고들빼기김치, 돌산갓김치, 갓김치, 총각김치, 두릅김치, 파김치, 굴깍두기, 동치미, 죽순물김치, 어리김치
제주도	동지배추김치, 꼴대김치, 톳김치, 총각김치, 실파김치, 청각김치, 솎음배추김치
황해도	배추김치, 호박김치, 감동젓섞박지, 고수김치, 보쌈김치, 동치미, 나박김치, 풋김치, 갓김치, 풋고추김치, 파김치
평안도	평안도 통배추무김치, 동치미, 백김치, 나박김치, 지름섞박지, 애호박열무김치, 나복동치미
함경도	배추가자미김치, 무말랭이김치, 콩나물김치, 산갓김치, 채칼김치, 무청김치, 쑥갓김치, 대구깍두기

(4) 계절별 분류

계 절	김치명
봄	나박김치, 봄배추김치, 솎음배추김치, 순무김치, 씀바귀김치, 돌나물김치, 돌나물물김치, 더덕김치, 돌나물국물김치, 씀바귀김치, 미나리김치, 두릅김치
여 름	열무김치, 얼갈이열무물김치, 배추생절이, 오이소박이, 여름연배추통김치, 부추김치, 생치김치, 애호박열무김치, 고추소박이, 짠지물김치, 가지김치, 더덕김치, 양파김치, 미나리김치, 고수김치, 죽순물김치, 토마토김치
가을 · 겨울	통배추김치, 총각김치, 섞박지, 동치미, 보쌈김치, 깍두기, 백김치, 장김치, 고춧잎김치, 갓김치, 갓생채, 해물김치, 해물깍두기, 골곰짠지, 콩잎김치, 속세김치, 고춧잎김치, 고들빼기김치, 산갓김치, 우엉김치

가지김치

재료 및 분량

가지 10개(700~750g)
부추 20g
무 1토막(5cm)
고춧가루 1/2컵
액젓 또는 새우젓 4큰술
대파 또는 쪽파 5뿌리
마늘 1통
생강 1/2톨
소금 조금
물 · 배추 우거지 적량

【만드는 법】

一 가지는 너무 억세지 않은 것으로 골라 7cm 길이로 자른 후, 양끝을 1cm 정도 남기고 길게 십자로 칼집을 낸다.

二 칼집 낸 가지는 끓는 소금물에 살짝 데쳐 바로 찬물에 넣었다가 건져서 손으로 가만히 눌러 물기를 뺀다.

三 부추는 씻어 물기를 없애고 5mm가 되도록 쫑쫑 썬다. 무는 5cm 길이로 채 썬다.

四 고춧가루는 따뜻한 물이나 액젓을 먼저 넣어 불려 놓는다. 이때 고춧가루 대신 붉은 고추를 다져 사용하면 더욱 좋다.

五 파, 마늘, 생강은 손질하여 곱게 다진다.

六 썰어 놓은 무채에 불려 놓은 고춧가루를 넣고 비벼서 붉은 물을 들이고 나머지 김치 양념을 모두 넣어 김치 소를 만든다.

七 가지의 칼집 자리를 벌려서 양념한 소를 꼭꼭 집어넣고 항아리에 가지를 차곡차곡 넣는다. 심심하도록 간을 한 소금물을 가지 위에 뿌리듯이 부어서 배추 우거지로 덮어 익힌다.

갓김치

【만드는 법】

一 길이가 짧고 줄기가 연하며 보라색이 조금 도는 갓을 선택하여 깨끗이 씻고 소금을 뿌려 절인다. 이때 줄기 쪽에 소금을 더 뿌려 고루 절여지도록 한다.

二 쪽파는 누런 잎을 떼고 뿌리를 잘라 손질한 후 깨끗이 씻어서 갓의 한쪽에 놓고 함께 절여지도록 뒤적여 놓는다. 배는 길이 4~5cm, 너비 1cm로 얇게 썰고, 밤은 속껍질을 벗겨 납작납작하게 썰어 놓는다. 마늘, 생강은 껍질을 벗겨서 다지고, 실고추는 2cm 길이로 자른다.

三 생새우는 소금물에서 흔들어 씻어 조리로 건진 후 대충 다져 놓고, 새우젓 건더기도 대충 다져 놓는다.

四 고춧가루에 멸치액젓과 남은 새우젓국을 넣어 불린 후 분량의 재료를 모두 섞고 마지막에 찹쌀풀을 넣어 걸쭉한 김치 양념을 만들어 놓는다.

五 절여진 갓과 파를 씻어 물기를 빼고 준비된 김치 양념을 부어 고루 무친 다음 갓과 쪽파 한두 개가 섞이도록 몇 줄기씩을 손으로 잡아 돌려 싸서 먹기 좋도록 또아리를 틀어 한 뭉치씩 항아리에 담는다.

六 항아리에 큼직하게 썬 무를 군데군데 넣고 소금물을 자작하게 잠기도록 부어 무거운 돌로 눌러 놓는다.

재료 및 분량

갓 3단(3kg)
쪽파 1/2단(200g)
절임용 소금 1/2컵
무 1개(1kg)

양념

배 1개
밤 5개
마늘 3통
생강 1톨(30g)
고춧가루 2컵(200g)
찹쌀풀 2컵
(찹쌀가루 4큰술+물 2컵)
멸치액젓 1컵(270g)
생새우 1/3컵
새우젓 2큰술
소금물 적량
실고추 · 통깨 조금

곤쟁이젓김치_감동젓김치

곤쟁이젓은 감동젓이라고도 하며, 잔 새우 종류를 새우젓과 같이 담근 것으로 감칠맛이 난다.

【만드는 법】

一 배추는 겉잎을 떼어 내고 5cm 길이로 썰어서 소금에 절인다.

二 무는 껍질을 벗기고 썰어 놓은 배추 길이에 맞추어 3×5×0.5cm 크기로 썰어 소금을 뿌려 숨을 죽인다.

三 대파, 마늘, 생강은 손질하여 가늘게 채 썰어 놓는다.

四 절인 배추와 무를 찬물에 씻어 건져 물기를 빼고 무는 손으로 꽉 짜서 배추와 함께 섞는다.

五 배추, 무에 고춧가루로 고춧물을 들인 후 준비된 파, 마늘, 생강, 고춧가루와 곤쟁이젓을 넣고 잘 버무려서 항아리에 꼭꼭 눌러 담고 익힌다.

재료 및 분량

배추 1통(2kg)
무 1개(1kg)
절임용 소금 1/2컵
대파 2뿌리
마늘 2쪽
생강 1/3톨
곤쟁이젓 2/3컵
고춧가루 3~4큰술

배추통김치

재료 및 분량

배추 5통(10kg)
절임용 소금 1kg
무 1~1½개(1~1.3kg)
갓 200g
미나리 200g
청각 100g
쪽파 7뿌리
생굴 150g
생새우 150g
배 1개
고춧가루 1½~2컵
따뜻한 물 2컵
새우젓국 1/2컵
멸치젓국 3/5컵
마늘 5통
생강 1톨(30g)
통깨 1/4컵
실고추 조금
설탕 2큰술
찹쌀풀(찹쌀가루 2큰술+물 1½컵)

오늘날 김치 중 가장 대표적인 김치이다. 여러 가지 김장김치 중에서도 각 가정마다 담가 먹는 가장 일반적인 김치라 하겠다.

【만드는 법】

一 배추는 누런 겉잎을 떼고 4등분(작은 것은 2등분) 한다. 웃소금용 소금을 조금 남기고 소금물을 만들어 쪼갠 배추를 담갔다 건진 후 배추줄기 쪽에 남은 소금을 조금씩 뿌려 쪼갠 단면이 위로 오도록 차곡차곡 담아 절인다.

二 배추의 아래위 위치를 바꾸어 뒤적이면서 6~7시간 정도 절인 후에 찬물을 바꿔가며 여러 차례 헹구고 소쿠리에 건져 물을 뺀다. 너무 오래 절이면 김치가 익은 후에 톡쏘는 시원한 맛이 없어지므로 주의한다.

三 무는 잔뿌리를 없애고 깨끗이 씻어 7cm 길이로 채 썬다.

四 갓, 미나리, 청각, 쪽파는 다듬어 씻어 4~5cm 길이로 썰고, 마늘과 생강은 다져 놓는다.

五 생굴은 소금물에 껍질을 제거하면서 재빨리 헹구고, 생새우는 티를 골라내고 씻어 물기를 뺀 후 다지거나 블렌더에 간다.

六 고춧가루는 따뜻한 물에 불린 후 새우젓국, 멸치젓국을 섞어 놓는다.

七 무채에 불린 고춧가루를 넣어 고춧물을 들이고 갓, 미나리, 청각, 쪽파, 다진 마늘, 다진 생강, 통깨 등 양념을 모두 넣어 가볍게 섞어 김치 소를 만든다.

八 김치 소에 찹쌀풀을 넣어 걸쭉하게 만들고, 마지막으로 굴을 넣어 함께 섞는다.

九 물기 빠진 배춧잎 사이사이 양념을 묻히면서 소를 넣고 소가 빠져나오지 않도록 배추 겉잎으로 감싸듯이 처리하여 항아리에 차곡차곡 담는다. 이때 너무 많은 양을 항아리에 담으면 김치가 익어 국물이 밖으로 넘칠 우려가 있으므로 주의한다.

十 위에 우거지로 덮고 굵은소금을 뿌린 후, 돌로 눌러 놓는다.

겉절이_생절이

겉절이는 묵은 김치가 싫증이 나거나 김장김치가 떨어지는 때인 봄철에 즉석으로 만들어 먹는 배추생절이를 말한다. 신선한 배추 맛을 즐길 수 있고 진한 젓갈을 넣지 않고 담백한 새우젓을 조금 넣는 정도이므로 손쉽게 준비할 수 있다.

재료 및 분량

배추 1포기(3kg)
절임용 소금 2큰술
쪽파 1/4단(100g)
대파 1뿌리
마늘 1통
생강 1/2톨
고춧가루 1/2~2/3컵(50~70g)
새우젓 2큰술
설탕 2큰술
통깨 2큰술
참기름 4큰술
진간장 조금

【만드는 법】

一 잎이 연하고 속이 찬 배추를 골라 겉의 떡잎과 상한 잎을 떼고 4등분 하여 깨끗이 씻은 후 굵은소금을 뿌려 살짝 절인다. 이때 속히 절이기 위해서는 배추를 칼로 길게 저미듯 썰어서 소금을 뿌린다.

二 쪽파는 다듬고 씻어 3~4cm 길이로 썰고, 대파는 흰 뿌리만 어슷썰기로 썬다. 마늘과 생강은 다져 놓는다.

三 고춧가루는 따뜻한 물을 부어 불려 놓는다.

四 절인 배추는 한두 번 찬물에 씻어 건진 뒤 물기를 빼 놓는다.

五 준비된 배추에 파, 마늘, 생강, 불린 고춧가루, 새우젓, 설탕, 통깨를 넣고 고루 버무린 뒤 진간장으로 간을 맞추고 참기름을 넣어 맛을 낸다.

겨자김치

재료 및 분량

배추속대 썬 것 6컵
배(小) 1개
미나리(4cm 길이로 썬 것) 1컵
표고버섯 2개
석이버섯 2개
생전복 1개
파 1뿌리
마늘 1쪽
식초 3큰술
설탕 2큰술
겨자즙 1/2컵
생강 · 소금 · 실고추 조금

【만드는 법】

一 가을철 배추가 좋을 때 배추속대를 떼어 2cm 나비로 썰어 흰 줄기 부분만을 소금에 살짝 절였다가 물에 씻은 뒤 물기를 빼고 3cm 길이로 썰어 놓는다.

二 배는 껍질을 벗기고 나비 1cm, 길이 3cm 정도로 얇팍하게 썰고 미나리는 잎을 떼고 줄기를 3cm 길이로 썬다.

三 불린 표고버섯은 얇게 저미듯 썰고 석이버섯은 손질하여 채 썬다.

四 생전복은 손질하여 살만을 얇게 저며 표고버섯 크기로 썰고 파, 마늘, 생강은 껍질을 벗겨 곱게 채 썬다.

五 겨잣가루를 소금물에 개어 발효시킨 후, 설탕과 식초를 넣어 겨자즙을 준비한다.

六 배추속대와 준비한 고명을 모두 섞고 겨자즙을 넣어 버무린다.

七 소금으로 간을 맞추고 작은 항아리나 유리병에 국물을 자작하게 부어 꼭꼭 눌러 담아 놓는다.

고구마줄기김치

재료 및 분량

고구마줄기 2kg
(껍질 벗긴 것 1.5kg)
무 1개(1.5kg)
쪽파 1/2단(150g)
고춧가루 1/2컵(50g)
멸치액젓 1/2컵
붉은 고추 10개
다진 마늘 4큰술
다진 생강 2큰술
볶은 통깨 3큰술
소금 조금

【만드는 법】

一 거친 껍질과 누런 부분을 제거한 고구마줄기는 7~8cm 길이로 잘라 소금을 조금 뿌리고 가볍게 비벼 1시간 정도 숨을 죽인 뒤 찬물에 씻어 건져 놓는다.

二 무는 3~4cm로 납작납작하게 썰어 소금에 잠깐 절인 후 찬물에 헹구어 소쿠리에 건진다.

三 고구마줄기와 무는 고춧가루를 넣고 함께 문질러서 붉은 물을 들인다.

四 쪽파는 다듬어서 고구마줄기와 같은 길이로 썰고 붉은 고추는 꼭지를 떼어 내고 잘게 썬다.

五 고춧물이 든 고구마줄기와 무에 쪽파, 멸치액젓, 고추, 마늘, 생강을 넣어 버무리고 소금으로 간을 맞춘 뒤 통깨를 뿌린다.

六 항아리에 꼭꼭 눌러 담고 위에 편평한 돌을 얹은 후 뚜껑을 덮어 찬 곳에 보관하며 먹는다.

고들빼기김치_속세김치, 씀바귀김치

고들빼기는 씀바귀의 일종으로, 늦은 가을에 잎과 줄기가 짙은 녹색이 된 것을 뿌리까지 캐어 김치로 이용한다. 고들빼기김치는 전라도의 향토김치로 유명하며, 고들빼기에 쓴맛이 있기 때문에 담글 때 쓴맛을 우려내고 갖은 양념과 짙은 젓국에 버무려 담가야 한다. 경상도에서는 속세김치라 한다.

씀바귀는 보통 봄에 많이 나므로 봄에 담그고, 고들빼기는 가을철에 캐어 흙을 털고 씻어 건져서 쌀뜨물과 엷은 소금물에 담가 쓴맛을 빼고 양념하여 담그는 겨울철 김장김치이다.

재료 및 분량

고들빼기 2kg
절임용 소금물(소금 1/2컵+물 3L)
소금 1/2컵
무(썰어 절여서) 1kg
삭힌 풋고추 500g
쪽파 500g
밤 10개
통깨 5큰술
물 적량

양념

고춧가루 1~1½컵(100~150g)
멸치젓 1/2컵
쌀가루풀 1컵
(쌀가루 2큰술+물 1컵)
다진 파 1컵
다진 마늘 1컵
다진 생강 1/4컵
조청(물엿) 3큰술

【만드는 법】

一 고들빼기는 뿌리가 달린 채로 잔털을 떼고 다듬어서 깨끗이 씻어 건진다. 굵은 뿌리는 절반으로 가른다.

二 물 3L에 소금 1/2컵을 넣어 3% 농도의 소금물을 만들고 고들빼기를 담가 뜨지 않도록 돌로 눌러 나머지 소금을 뿌리고 10일 정도 삭힌다. 잎 색이 누렇게 되면 건져 물에 헹구고 소쿠리에 건진다.

三 멸치젓(또는 황석어젓, 갈치젓)의 살은 다지고 뼈와 함께 같은 양의 물을 부어 끓인 후 가는 체에 걸러서 맑은 젓국을 만든다.

四 만든 젓국에 다진 파, 다진 마늘, 다진 생강을 섞고 고춧가루를 넣어 불린 뒤 쌀가루풀과 조청을 넣고 고루 섞어 걸쭉한 양념을 준비한다.

五 무를 넣을 경우에는 가는 손가락 크기로 썰어 소금을 조금 뿌려 숨을 죽인 다음 건져 물기를 꼭 짠다. 쪽파는 누런 겉잎을 벗기고 뿌리를 잘라 씻어 놓는다.

六 밤은 속껍질을 벗기고 편으로 설어 놓는다.

七 삭힌 고들빼기에 준비된 양념을 넣어 고루 버무린 다음 한번 꺼내어 먹는 양만큼 타래를 지어 항아리에 꼭꼭 눌러 담는다.

八 절인 무와 삭힌 고추, 쪽파를 넣는 경우에는 고들빼기를 양념에 버무리기 전에 넣도록 하고 쪽파를 고들빼기와 같이 타래지을 경우에는 무와 풋고추는 양념젓국에 넣어 함께 버무린다.

九 타래를 지어 항아리에 넣을 때 통깨를 뿌리고 꼭꼭 눌러 익힌다.

굴깍두기

재료 및 분량

조선무 5개(2.5kg)
(보통 큰 무는 2개)
미나리 70g
실파 50g
배춧잎 5장
생굴 300g
고춧가루 1/2~1컵(50~100g)
다진 마늘 40g(1통)
다진 생강 20g(1/2톨)
새우젓 1/2컵
설탕 1~2큰술
실고추 조금

굴을 넣어 만든 깍두기를 말한다. 깍둑썰기 한 무에 고춧가루를 넣어 붉게 물들이고 여기에 양념을 넣어 담그며 겨울철에 담가 먹는 것으로 오래 보관하지는 못한다.

【만드는 법】

一 무는 깨끗이 씻어 잔뿌리를 살짝 긁어낸 뒤 3×2×1.5cm 크기로 깍둑썰기 하여 고춧가루를 넣고 붉은 물을 들여 놓는다. 고춧가루 양이 많아 맵다고 생각되면 그 양을 절반으로 줄인다.

二 미나리는 잎을 떼고 3cm 길이로 썰고 실파도 같은 길이로 썬다. 배춧잎도 무와 같은 크기로 썰어 소금에 살짝 절여 놓았다가 찬물에 씻어 물기를 뺀다.

三 굴은 신선하고 통통한 것을 골라 껍데기와 잡티를 골라내고 연한 소금물에 흔들어 씻어 건진다.

四 고춧물을 들인 무와 절여 놓은 배춧잎, 미나리, 실파, 다진 마늘, 다진 생강, 새우젓, 설탕, 실고추를 넣고 버무린다.

五 맨 마지막에 손질한 굴을 넣고 굴이 뭉그러지지 않도록 다른 재료와 가볍게 섞어 항아리에 꼭꼭 눌러 담는다.

알무깍두기 參考

어리고 연한 푸른 잎이 달린 무를 씻어 소금에 살짝 절였다가 파, 마늘, 생강, 고춧가루, 소금, 새우젓에 버무려 익힌 깍두기이다.

깻잎김치

여름철 깻잎이 흔할 때 담가 놓고 가을까지 먹을 수 있는 별미 김치이다. 장아찌와 달라 너무 짜지 않도록 담그고 간장을 사용하지 않는다.

재료 및 분량

깻잎 50단(500장)
절임용 소금물(소금 220g+물 3L)
무 1개(1kg)
고춧가루 2/3컵(70g)
대파 3뿌리
묽은 액젓 1/2컵
물 1/2컵
마늘 2통
생강 2톨
소금 1~3작은술
실고추 조금

【만드는 법】

一 깻잎을 소금물에 넣어 물 위로 뜨지 않도록 돌로 눌러 놓고 1~2일 정도 삭혔다가 찬물에 헹구어 물기를 뺀 후 3~4장씩 겹쳐 놓는다.

二 무는 3cm 길이로 가늘게 채 썰고 대파는 다듬어서 가늘게 어슷썰기 한다. 마늘, 생강은 손질하여 가늘게 채 썰고 실고추는 1cm 길이로 짧게 썬다.

三 무채에 고춧가루, 채 썬 재료와 실고추, 액젓 5큰술을 넣고 버무려서 양념을 만들어 겹친 깻잎 위에 조금씩 얹고 항아리에 켜켜로 차곡차곡 담는다.

四 물 1/2컵에 액젓 3큰술과 소금을 넣고 남은 양념과 함께 섞은 후 항아리에 붓는다.

깻잎말이김치

깻잎을 삭혀 쪄서 김치를 담그기도 하지만 김치 소를 만들어 깻잎에 말아서 담그기도 한다.

재료 및 분량

깻잎 25단(250장)
절임용 소금물(소금 150g+물 1.5L)
무 1개(1kg)
고춧가루 2/3컵(70g)
대파 3뿌리
미나리 70g
묽은 액젓 1/2컵
마늘 2통
생강 2톨
소금 1~3작은술
실고추 조금

【만드는 법】

一 깻잎김치와 동일한 방법이나 깻잎의 수량은 절반으로 줄이고 같은 분량의 소 재료에 미나리를 조금 더 넣어 풍미를 더하여 양념한다.

二 깻잎 2~3장에 소를 넣고 돌돌 말아 항아리에 차곡차곡 쌓고 무거운 돌로 눌러 냉장하여 익히면서 먹는다.

나박김치

무와 배추를 주재료로 하여 물을 많이 넣은 대표적 국물김치로, 주로 봄에 많이 담그나 상차림에 따라 각 계절별로 이용되기도 한다. 젓갈을 쓰지 않으며 국물에 고춧가루를 그대로 넣지 않고 무에 고춧물을 들이거나 고춧가루를 베보자기에 싸서 국물에 붉은 물을 들인다. 미나리는 파란색이 살아 있도록 하기 위해서 맛이 든 후에 넣는다. 예부터 담갔던 물김치로 조선침채, 나복침채라는 이름으로 부르기도 한다.

재료 및 분량

무 1개(1kg)
배추 1/4통(300g)
절임용 소금 3큰술(50g)
미나리 1/4단(50g)
대파 1뿌리
마늘 1쪽
생강 1/4톨
고운 고춧가루 1큰술
설탕 1½큰술
물 4컵(1L)
실고추 조금

【만드는 법】

一 무는 단단하고 바람이 들지 않은 것으로 골라 깨끗이 씻은 다음 3×2.5×0.3cm 크기로 썰어 소금을 뿌려 30분 정도 절인다.

二 배추의 연한 속대를 준비하여 깨끗이 씻은 후 3cm 길이로 썰어 소금을 뿌려 잠깐 절인다. 빨리 절이고 싶을 때는 소금 1큰술을 더 넣어 절인다. 이때 무와 배추를 절였던 소금물을 받아 두어 김칫국물로 이용한다.

三 미나리는 잎을 떼고 줄기만 4cm 길이로 썬다.

四 대파는 흰 부분만 4cm 길이로 채 썰고 마늘, 생강도 채 썬다.

五 절인 무에 고운 고춧물을 들인 후 파, 마늘, 생강, 실고추를 넣어 버무린다.

六 베보자기에 고춧가루를 싸서 물 1컵에 넣어 색이 우러나도록 한 후 설탕을 조금 넣고 받아 두었던 소금물과 합하여 국물을 만들어 놓는다.

七 항아리에 양념하여 버무린 무와 배추를 넣고 六의 국물을 재료가 잠기도록 흥건히 부어 익힌다.

나박김치 국물 

마늘을 채 썰어 섞으면 국물이 지저분하지 않게 된다.

돌나물물김치

재료 및 분량
돌나물 300g
무 1토막(4cm)
가는 오이 1개
풋고추 2개
붉은 고추 1개
미나리 1/4단(50g)
마늘 2쪽
생강 1톨(10g)
고춧가루 2큰술
김칫국물 3컵
소금 2큰술
밀가루풀(밀가루 1큰술+물 1컵)

옛부터 그늘진 정원이나 깨끗한 장독 주위에서도 잘 자라는 돌나물을 뜯어 무침과 함께 즐겨 먹던 김치로 '돌나물물침채' 라고도 한다.

【만드는 법】

一 돌나물은 깨끗이 다듬고 넉넉한 물에서 으깨지지 않도록 한두 번 씻어 소쿠리에 건진다.

二 무는 2×1.5×0.3cm로 나박썰기 하여 소금에 살짝 절인다. 오이는 겉을 소금으로 문질러 물에 씻은 후 얇게 동글썰기 한다.

三 풋고추와 붉은 고추는 어슷썰기 하고 미나리는 다듬어서 3cm 길이로 썬다.

四 마늘, 생강은 손질하여 곱게 채 썬다.

五 고춧가루를 면포에 싸서 물에 주물러 고춧물이 우러나도록 한 후 밀가루풀과 섞는다.

六 준비된 모든 재료를 고루 섞어 항아리에 담은 후 五의 고춧물과 김칫국물을 섞고 소금으로 간을 맞춰 항아리에 붓는다.

돌미나리김치

재료 및 분량
돌미나리(大) 1단(800g)
무(小) 1개(700g)
풋고추 2개
붉은 고추 3개
마늘 1통
생강 1톨
고춧가루 4큰술
들깨즙 4큰술
찹쌀풀 1/2컵
감초물 2컵
통깨 1큰술

【만드는 법】

一 돌미나리는 짧은 것은 그대로, 긴 것은 절반 길이로 썰고, 물에 1시간 정도 담갔다가 깨끗이 씻어 건져 물기를 뺀다. 이때 돌미나리는 너무 주물러서 숨이 줄지 않게 한다.

二 무는 7cm 길이 정도로 채 썰고, 풋고추, 붉은 고추, 마늘, 생강도 채 썰어 함께 고춧가루를 넣고 문질러서 붉은 물을 들인다.

三 들깨즙과 찹쌀풀은 같은 양으로 섞어 붉게 물들인 재료에 넣는다.

四 감초물과 통깨를 섞어 돌미나리에 넣고 재빨리 버무린다.

당귀잎김치

【만드는 법】

一 당귀잎은 줄기를 떼어 내어 물에 씻어 건져 놓고, 실파는 다듬어 4~5cm로 자른다.

二 물 3컵에 멸치를 넣어 국물을 내고 다시마를 담가 우려낸다.

三 국물에 소금이나 액젓을 넣어 간을 한다.

四 손질한 당귀잎을 멸치국물에 담가 절여 놓는다.

五 나머지 멸치국물에 실파, 고춧가루, 다진 마늘, 새우젓 국물과 건더기 다진 것을 모두 섞어 절인 당귀잎에 버무려 그릇에 담고 꼭꼭 눌러 맛을 들인다.

재료 및 분량

당귀잎 400g
실파 또는 쪽파 1단(100g)
멸치 10마리
물 3컵
다시마 1장(사방 10cm)
고춧가루 2/3컵
다진 마늘 5쪽
새우젓 4큰술
소금 1큰술 또는 액젓 4큰술

동치미

재료 및 분량

동치미무 20개(약 20kg)
소금 $1\frac{1}{2}$컵(300g)
삭힌 풋고추 30개(200g)
쪽파 1/3단(150g)
마늘 3통(100g)
생강 3톨(100g)
소금물(소금 320g+물 8L)
파뿌리 또는 댓잎 적량

동치미는 겨울 김장철에 자그마하고 예쁜 무를 소금에 굴려서 파, 마늘, 생강, 고추, 청각 등의 양념을 넣어 땅에 묻은 항아리에 넣고 소금물을 부어 익힌 시원한 김치로, 무를 썰어 그 국물과 같이 먹는 대표적인 김장김치이다.

재료 사용의 변화, 기후와 보관장소에 따라, 담그는 소금 농도에 차이가 있다. 보통 동치미국물의 소금 농도는 4~6% 정도가 많지만 보관장소가 그늘이고 찬 곳이면 3~4%로 하는 것이 좋다.

겨울철에 땅에 묻은 동치미는 한 달 이상 되어야 제 맛이 나고 실내에 두면 열흘 정도 지나면 익는다. 파, 마늘, 생강 등을 무 사이에 끼워 두어 맛을 내기도 하며, 소금물에 삭힌 고추를 띄우거나 배, 유자, 청각, 갓 등을 넣어 향을 돋우기도 한다. 동치미국물이 짜면 물을 더 넣고 설탕을 조금 넣어 간을 맞추기도 하는데 국물이 너무 싱거우면 무가 물러지고 맛이 변하기 쉽다. 하지만 무짠지와 같이 너무 짜면 동치미 고유의 맛이 없어 즐겨 먹지 못한다.

【만드는 법】

一 무는 잘고 연하며 매끈한 것으로 골라 무청을 자르고 잔털과 꼬리를 제거하고 껍질에 상처가 없도록 하여 깨끗이 씻어 놓는다.

二 풋고추는 꼭지를 떼지 않은 상태로 소금물에 삭히고 쪽파는 다듬어서 씻어 묶어 놓는다. 마늘은 작은 것은 반으로, 굵은 것은 2~3편으로 썰고 생강은 껍질을 벗겨 편으로 썰어 둔다.

三 무를 소금에 굴려 겉에 소금을 많이 묻힌 후 항아리에 차곡차곡 담는데, 이때 삭힌 고추를 무 사이사이에 넣는다. 마늘편과 생강편은 면주머니에 담아 동여매어 무 양쪽으로 끼워 넣고 쪽파 묶음도 무 사이에 끼워지도록 넣는다.

四 항아리 맨 위에 무가 보이지 않도록 깨끗이 다듬어 놓은 파뿌리나 댓잎으로 덮고 무거운 돌로 눌러 놓는다.

五 준비한 소금물을 무와 부재료가 잠길 정도로 항아리에 붓고 뚜껑을 덮어 익힌다.

六 무가 다 익으면 먹기 좋은 크기로 썰고 고추와 함께 국물을 곁들여 낸다.

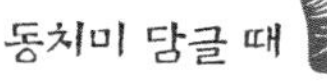
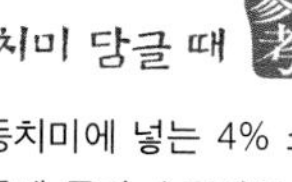

동치미 담글 때 參考

- 동치미에 넣는 4% 소금물은 먼저 무에 굴린 소금량을 감안하면 8% 농도가 된다. 이보다 소금물 농도가 낮으면 무가 물러지기 쉽다. 또 동치미 국물은 차츰 짜지는 경향이 있는데 이때는 남은 동치미의 양을 보아 동치미 국물을 새로 만들어 붓거나 먹을 때에 물을 조금 더 넣기도 한다.
- 동치미 무 20개에 $1\frac{1}{2}$컵(약 300g) 정도의 소금이 들어가며, 무 겉에 묻힌 것이 이보다 적으면 그 양만큼 위에 뿌려서 2~3일 동안 절인다.

봄 · 여름동치미

김장철에 담그는 동치미와 달리 무를 먹기 좋은 크기로 썰어서 짧은 기간 안에 먹을 수 있도록 담그는 동치미이다.

재료 및 분량
무 2개(2kg)
소금 5큰술(40g)
오이 2개
대파 2뿌리
붉은 고추 2개
마늘 2쪽
생강 1/2톨
소금물(소금 150g+물 6L)

【만드는 법】

一 연한 무를 1.5×1.5×3~4cm로 썰어 소금에 잠깐 절인다.
二 오이는 신선하고 색이 선명한 것을 골라 무와 같은 크기로 썰어 무와 함께 절인다.
三 대파는 다듬어 4cm 길이로 자르고, 붉은 고추는 3~4cm로 어슷썰어 놓는다.
四 마늘은 껍질을 벗겨 채 썰어 놓고, 생강은 즙을 낸다.
五 절인 무와 오이에 준비한 파, 붉은 고추, 마늘, 생강즙을 넣고 섞어서 항아리에 담는다.
六 짜지 않은 소금물을 만들어 항아리에 붓고(국물의 최종농도 3% 정도) 시원한 곳에서 익힌다.

총각무동치미

주로 음력설 전에 먹을 수 있는 총각무동치미는 시원한 국물과 함께 맵지 않은 총각무를 같이 먹는 맛이 일품이다.

재료 및 분량
총각무 2단(약 5kg)
소금 250g
쪽파 20뿌리
삭힌 고추 10개
붉은 고추 5개
마늘 1½통(10톨)
생강 1톨
찹쌀풀 1컵
(찹쌀가루 2큰술+물 1⅓컵)
소금물(소금 100g+물 2L)

【만드는 법】

一 총각무는 크기가 고른 것으로 골라 잎과 무 사이를 깨끗이 손질하고 소금에 절인 뒤 물에 씻어 건져 놓는다. 쪽파는 다듬어서 흐트러지지 않도록 묶어 무 옆에 놓아 절여 숨을 죽인다.
二 붉은 고추는 어슷썰기 한다. 마늘과 생강은 편으로 저며 베주머니에 함께 넣어 놓는다.
三 찹쌀풀을 쑤어 식힌 뒤 어슷썬 고추와 소금물 조금을 섞어 양념을 만든다.
四 항아리에 총각무와 쪽파, 삭힌 고추, 양념, 베주머니를 섞어 넣은 뒤 뜨지 않도록 무거운 돌로 눌러 놓고 남은 소금물을 붓는다. 먹을 때는 김칫국물을 더하여 농도를 조절해서 먹는다.

봄김치

재료 및 분량

열무 1단(650g)
배추 1/2통(500g)
절임용 소금물(소금 100g+물 4컵)
미나리 1/3단(100g)
대파 2뿌리
마늘 6쪽
생강 1/2톨
실고추 1/2컵
밀가루풀 1.2L(밀가루 2큰술+물 1.2L)
소금 4큰술

겨울 동안 저장해 두고 먹었던 묵은 김치가 거의 떨어질 무렵인 봄에 담가 먹는 김치로, 시대가 변함에 따라 떠오르는 봄김치에 대한 생각도 많이 변화되어 왔다. 비닐하우스에서 배추와 열무가 재배되기 전에는 저장해 놓은 무와 배추를 이용하였지만 오늘날에는 새로 재배된 배춧잎과 열무를 사용해 담근다.

봄김치는 무와 배추를 소금에 짜게 절인 뒤 항아리에 켜켜이 담아 돌로 눌러 두었다가 물이 생겨 무와 배추가 시들해지면 익는데, 이렇게 익은 무와 배추를 꺼내 찬물에 씻어 썬 후 맹물을 부어 짠맛이 우러나오면 고춧가루, 다진 파, 마늘을 조금 넣어 간이 알맞게 우러났을 때 건지를 꺼내 먹는 김치이다.

【만드는 법 1】

一 열무는 뿌리와 잎을 떼고 5~6cm 길이로 자르고, 배추는 다듬어 반으로 쪼갠 뒤 4cm 길이로 썰어 찬물에 깨끗이 씻는다. 미나리는 잎을 떼고 다듬어서 3cm 길이로 썬다.

二 열무와 배추에 소금물을 넣고 중간에 한두 번 뒤집어 주며 2시간 정도 절인 뒤 찬물에 살살 흔들어 헹구고 소쿠리에 건져 물기를 빼 놓는다.

三 대파는 다듬어 채 썰고 마늘과 생강은 껍질을 벗겨 채 썰거나 다져 실고추와 함께 섞어 양념을 만들어 둔다.

四 밀가루에 물 1컵을 넣고 개어 1L의 끓는 물에 넣어서 밀가루풀을 만들어 식힌 후 소금을 녹여 간을 맞춘다.

五 항아리에 열무와 배추, 양념을 켜켜이 넣은 뒤 밀가루풀을 붓고 하루 정도 익힌 뒤 꺼내어 먹는다.

재료 및 분량

열무 900g
배추 700g
절임용 소금 5큰술(60g)
미나리 1/3단(100g)
대파 2뿌리
마늘 6쪽
생강 1/2톨
실고추 1/2컵
고춧가루 2큰술
밀가루풀(밀가루 2큰술+물 2L)
소금 3큰술(40g)

【만드는 법 2】

一 열무와 배추를 4~5cm 길이로 썰어 찬물에서 풋내가 나지 않도록 살살 씻고 큰 그릇에 소금을 뿌려 2시간 동안 절인 뒤 기울여 소금물을 따라 버린다.

二 미나리는 다듬어 4cm 길이로 썰고, 대파 흰 부분을 3cm 길이로 채 썬다. 마늘과 생강은 껍질을 벗겨 채 썬다.

三 절여 놓은 열무와 배추에 미나리, 대파, 마늘, 생강, 실고추, 고춧가루를 넣고 가볍게 섞어 항아리에 담는다.

四 밀가루를 물에 풀어서 풀을 쑨 후 물을 더 부어 2L를 만들어 식히고 소금을 녹여 간을 맞춘 뒤 항아리에 넉넉히 부어 익혀 먹는다. 물의 양은 기초에 따라 조정할 수 있다.

섞박지

주재료로 배추와 무를 섞어서 담근 막김치의 일종으로, 오래 저장하지 않고 필요에 따라 그때그때 담가 먹는 김치이다. 기호에 따라 해산물을 첨가시키는 경우가 있는데 사용한 해산물에 따라 김치 이름을 정하기도 한다.

재료 및 분량

배추(中) 1통
배추 절임용 소금물
(소금 200g+물 1L)
무(小) 2개(2kg)
무 절임용 소금 2큰술
미나리 1/2단(150g)
청각 40g
대파 4뿌리
마늘 2통
생강(小) 1/2톨
고춧가루 1/2컵
붉은 고추 3개
새우젓국 3큰술

【만드는 법】

一 배추는 누런 겉잎을 떼고 줄기가 넓은 것은 반으로 갈라 5cm 길이로 자른 다음 소금물에 절여 씻은 후 물기를 뺀다.

二 무는 깨끗이 손질하여 3~4cm의 네모로 얄팍하게 썰고 소금에 절인 후 소쿠리에 밭쳐 놓는다.

三 미나리는 잎을 다듬어서 줄기만 5cm 길이로 썰고, 청각은 깨끗이 씻어서 물기를 짜고 4~5cm 길이로 썬다. 대파도 5cm 길이로 썰고 마늘과 생강은 다져서 준비한다. 붉은 고추는 씨를 빼고 블렌더에 간다.

四 절여진 배추와 무를 마늘, 생강, 고춧가루로 먼저 버무린다.

五 미나리, 청각, 대파, 새우젓국을 넣어 김치가 너무 짓무르지 않도록 가볍게 다시 한 번 버무려 항아리에 담는다.

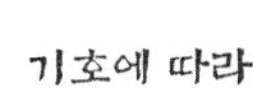

굴, 생새우, 낙지, 생태, 갓 등을 넣어서 담그기도 한다. 또한 붉은 고추 대신 고춧가루의 양을 조금 늘려 담글 수도 있다.

무짠지_짠무김치

김장철 무를 소금에 짜게 절여 담근 뒤 늦은 봄에서부터 여름까지 먹는 김치로, 무를 얄팍하게 썰어 물을 붓고 식초를 쳐서 먹는다. 담글 때는 무와 마늘, 생강, 고추 또는 고추씨, 파뿌리 등이 필요하며 짠지가 익어 무를 꺼내 먹는 여름철에 국물에 골마지가 하얗게 앉으면 국물은 먹지 않고 그대로 두고 무만 꺼내어 이용한다. 무짠지용 무는 짧고 통통한 재래종이 좋으나 긴 무로 담그기도 한다. 무짠지는 채 썰어서 고춧가루, 설탕으로 양념하여 칼칼한 반찬으로 먹거나, 꾸덕꾸덕하게 말려서 고추장이나 된장에 박아 장아찌를 만들기도 한다.

【만드는 법】

一 무는 굵고 좋은 것으로 골라 상처 없이 깨끗이 씻어 둔다.

二 붉은 고추는 어슷썰어 절반 길이로 자른다.

三 파뿌리는 흙을 털고 물에 흔들어 깨끗이 씻어 놓는다.

四 마늘과 생강은 껍질을 벗기고 크게 편으로 썰어 둔다.

五 항아리에 무를 한 켜 넣고 그 위에 미리 준비한 붉은 고추, 고추씨, 마늘, 생강, 소금을 무가 보이지 않을 정도로 뿌린다. 그 위에 다시 무를 한 켜 놓고 양념을 뿌리는 것을 반복한다.

六 3~4일 후에 뚜껑을 열어 보아 무가 절여져 물이 넉넉히 생겼으면 위에 댓잎이나 깨끗한 볏짚으로 잘 덮고 무거운 돌로 눌러 놓아 무가 떠오르지 않도록 하고 물이 적으면 물을 더 붓는다. 만약 항아리가 너무 커서 소금물이 적으면 소금 1컵을 물에 녹여 붓고 무가 물 속에 잠기도록 한다. 뚜껑을 봉하여 덮어 두었다가 늦은 봄부터 먹기 시작한다. 짠지 항아리는 땅에 묻어 두는 것이 좋다.

재료 및 분량

굵은 무 15개
소금 6컵(1.2kg)
붉은 고추 15개
고추씨 1.5컵
파뿌리 15뿌리
마늘 3통
생강 3톨
물 4L

짠지 먹는 방법

무짠지는 무만 꺼내어 찬물에 씻어 한 토막만 썰어 맹물을 부어 놓아도 간이 맞는 짠지무 물김치가 된다. 이때 찬물에서 무짠지의 짠물이 우러나는 시간을 고려하여 상차리기 전에 먼저 준비한다. 무짠지는 2×2×0.3cm 크기로 썰어 찬물을 붓는데, 여기에 다진 파와 고춧가루를 조금 띄우면 칼칼한 김치가 된다. 입맛에 따라 짠지국물에 식초를 몇 방울 떨어뜨려 먹어도 좋다.

상추부르동김치_상추불뚝김치

재료 및 분량

상추부르동 10루
풋고추 5개
붉은 고추 5개
생강 1톨
찹쌀풀 1컵
통깨 1큰술
감초물 2컵
소금 또는 까나리액젓 조금

추순(抽笋)김치(상추꽃줄기김치)라 하는 것으로, 상추가 끝날 무렵 위의 순과 상추줄기를 꺾어 담그는 별미 김치이다.

【만드는 법】

一 상추 꽃줄기 밑동을 잘라 칼등이나 방망이로 자근자근 두드려 씻어 쓴맛을 빼낸다.

二 풋고추와 붉은 고추는 채 썰고, 생강은 다져 놓는다.

三 찹쌀풀에 풋고추, 붉은 고추, 다진 생강, 통깨, 감초물과 소금 또는 액젓을 넣어 양념을 만든다.

四 상추부르동은 통째로 양념과 고루 무쳐 병이나 항아리에 담고 꼭꼭 눌러 2~3일 정도 익혀 먹는다.

상추겉절이

재료 및 분량

상추 400g
대파 1뿌리
마늘 2쪽
간장 4큰술
깨소금 2작은술
고춧가루 1큰술
참기름 1큰술

상추는 잎이 연해서 오래 두고 먹을 수 없으므로 겉절이를 하여 숨만 죽으면 바로 먹는 것이 좋다. 또 쌈으로 사용하는 상추보다 조금 억센 것이 오히려 아삭아삭하는 맛을 느낄 수 있으므로 겉절이용으로 적당하다. 여름철에 즐겨 먹게 되는 상추겉절이는 신선한 맛이 있어 입맛을 돋우어 준다.

【만드는 법】

一 상추는 깨끗이 씻어서 채반에 밭쳐 놓는다.

二 대파는 어슷썰기 하고 마늘은 다져 놓는다.

三 대파, 마늘을 나머지 양념과 함께 섞는다.

四 물기를 뺀 상추에 차곡차곡 양념장을 끼얹어 상춧잎의 숨이 죽기 전에 바로 먹는다.

순무김치

재래종인 순무는 그 뿌리가 둥글며 색은 희고 부분적으로 자주색이다. 일반 무보다 몸이 곱고 연하며, 잎도 무와 같이 먹을 수 있고 김치 담글 때 섞어도 된다. 순무를 얄팍하게 썰고 파, 마늘, 고춧가루, 밴댕이젓국에 버무려 익힌 김치이다.

재료 및 분량

순무 10개(3kg)
절임용 소금 1/2컵(100g)
쪽파 100g
대파 2뿌리
마늘 2통
생강 1톨
밴댕이젓 1컵
고춧가루 1컵(100g)
설탕 2큰술
물 2컵

【만드는 법】

一 순무는 뿌리는 잘라 반으로 쪼개어 얄팍하게 썰고, 무청은 연한 줄기 쪽만 4cm 길이로 썬 다음 물에 씻어 건져서 소금을 뿌려 잠깐 절인다.

二 쪽파는 다듬어 4cm 길이로 자르고 대파는 흰 부분만 잘게 썰어 둔다. 마늘, 생강은 손질하여 다지고, 밴댕이젓 건더기는 곱게 다진다.

三 절여 놓은 무와 무청은 찬물에 헹구어 소금물을 대충 빼고 먼저 고춧가루를 섞어 놓는다.

四 준비된 파, 마늘, 생강, 밴댕이젓을 넣고 버무린 후 물에 설탕을 조금 녹여 국물을 붓고 익힌다.

쑥갓김치

쑥갓이 많이 생산되는 철에 담가 먹는 김치로, 너무 오래 두지 말고 상추김치와 같이 바로 먹는 것이 좋다.

재료 및 분량

쑥갓 1kg
쑥갓 절임용 소금 50g
무(小) 1/2개(500g)
무 절임용 소금 2작은술
쪽파 50g
마늘 2쪽
생강(小) 1/2톨
고춧가루 2큰술
통깨 1큰술
설탕 조금

【만드는 법】

一 줄기가 적당히 굵고 대가 오른 쑥갓을 골라 소금을 뿌려 살짝 절인다.

二 무는 5cm 길로 굵게 채 썰어 소금에 잠시 절인다.

三 쪽파는 다듬어 씻은 후 물기를 충분히 털고 5~7cm 길이로 썬다. 마늘과 생강은 다져서 준비하고, 고춧가루와 잘 섞어 둔다.

四 절인 쑥갓과 무, 쪽파에 마늘, 생강을 섞은 고춧가루를 넣어 가볍게 버무리고 통깨, 설탕을 뿌린다. 유리병이나 작은 항아리에 꼭꼭 눌러 담고 너무 오랫동안 숙성시키지 않고 먹는다.

무 절임 시간 

채 친 무이므로 일반적인 깍두기를 담글 때와는 달리 소금에 절이는 시간을 너무 길게 두지 않도록 주의한다.

비늘김치

재료 및 분량

동치미무(小) 10개(5kg)
절임용 소금물(소금 2컵+물 2L)
배춧잎 20장
무채용 무 1개
미나리 20g
대파 2뿌리
마늘 4쪽
생강 1/2톨
고춧가루 4큰술
새우젓 1큰술
설탕 1큰술
배추 우거지 적량

비늘김치는 무에 칼집을 넣어 소금물에 절였다가 칼집 사이에 소를 넣고 절인 배춧잎으로 싸서 통배추 김치 사이에 한 켜씩 넣고 젓국으로 간을 맞춘 김칫국을 부어 익힌 것이다. 비늘김치의 소는 무채, 고춧가루, 잣, 실파, 다진 마늘, 생강, 새우젓, 황석어젓 등을 섞어 소금으로 간을 맞춰 만든다. 일명 인침채(鱗沈菜)라고도 했다.

【만드는 법】

一 동치미무는 잔털 없이 깨끗이 씻어 통째로 어슷하게 엇갈리도록 칼집을 내고 소금물에 담가 칼집이 벌어질 정도로 충분히 절인다.
二 무채용 무는 5cm 길이로 토막 내서 곱게 채 썰고, 미나리는 5cm 길이로 썬다.
三 대파는 3cm 길이로 채 썰고 마늘, 생강은 곱게 다져 놓는다.
四 무채에 고춧가루를 넣어 빨갛게 버무리고 미나리, 대파, 다진 마늘, 다진 생강, 새우젓, 설탕을 넣어 소를 만든다.
五 무의 벌어진 칼집 사이사이에 소를 깊이 넣고 배춧잎으로 감싼다.
六 항아리에 배춧잎으로 감싼 무를 담고 배추 우거지로 덮어 꼭꼭 눌러 익힌다.

비지미

무를 불규칙하고 큼직하게 썰어 소금에 절인 후 양념에 버무려 담그는 경상도식 깍두기이다.

재료 및 분량

무 2개(2kg)
소금 1큰술(25g)
갓 100g
대파 2뿌리
마늘 6쪽
생강 1/2톨
밀가루풀 1/2컵
(밀가루 1큰술+물 1/2컵)
고춧가루 5큰술
멸치젓 1큰술
설탕 1큰술
통깨 2큰술

【만드는 법】

一 무는 깨끗이 씻어 연필 깎듯이 네 방향으로 돌려가며 비스듬히 썬 다음 소금을 뿌려 부드러워질 때까지 절이고 찬물에 헹구어 물기를 빼 놓는다.
二 갓은 4cm 길이로 썰고 대파는 채 썬다. 마늘과 생강은 껍질을 벗기고 다진다.
三 밀가루 1큰술에 물 1/2컵을 넣어 덩어리 없이 풀을 쑤어 식힌다.
四 절인 무에 고춧가루를 넣고 비벼 붉게 물을 들인다.
五 갓, 대파, 마늘, 생강, 밀가루풀, 멸치젓, 설탕, 통깨를 섞어 양념을 준비한다.
六 붉게 물들인 무에 양념을 넣고 버무려서 항아리에 담아 익힌다.

쪽파김치

쪽파김치나 실파김치는 파김치라 일컬어진다. 파김치는 멸치젓국이나 액젓이 들어가야 제 맛이 난다.

【만드는 법】

一 쪽파는 누런 잎을 떼고 가지런히 하여 깨끗이 씻고, 소금을 뿌려 충분히 절인 뒤 찬물로 씻어 낸다. 쪽파를 절일 때는 뿌리 부분에 소금을 더 많이 뿌리고 절여지면서 생긴 물로 잎도 절인다.

二 멸치액젓에 고춧가루를 풀어 불려 놓고, 풋고추는 어슷썰고 마늘과 생강은 다진다.

三 찹쌀풀을 쑤어 식힌 다음 풀어 놓은 고춧가루, 다진 마늘, 다진 생강과 함께 섞어 양념을 만든다.

四 숨이 죽은 쪽파에 양념을 넣어 버무린 후 파의 흰 부분을 위로 하여 5개 정도씩을 한 묶음으로 감아서 항아리에 차곡차곡 담아 놓는다.

五 상에 낼 때는 깊지 않은 보시기에 파 묶음을 한 번 잘라 가지런히 담고 김칫국물을 약간 부어 준다.

재료 및 분량

쪽파 2kg, 절임용 소금 150g
갓 500g, 멸치액젓 1컵
생멸치젓 1/2컵, 풋고추 5개
마늘 2쪽, 생강 1/2톨
고춧가루 1½컵
통깨 3큰술, 설탕 1큰술
찹쌀풀(찹쌀가루 3큰술+물 1⅓컵)

쪽파젓지(쪽파젓김치) 

토종 쪽파를 진한 젓갈에 버무린 김치로 예로부터 점잖은 상에는 일반적으로 올리지 않았다. 쪽파젓지는 즉석에서 버무려 먹을 수도 있으나 알맞게 익었을 때 더욱 제 맛이 나며 조개, 새우, 홍합 등을 다져 넣고 밀가루를 묻혀 전으로 부치는 데 이용하기도 했다.

실파김치

가느다란 실파로 김치를 담글 때는 멸치젓국이나 액젓으로 절여 간을 맞춘다.

【만드는 법】

一 실파는 다듬어 가지런히 씻어 소쿠리에 건져 놓는다.

二 찹쌀가루에 분량의 물을 붓고 찹쌀풀을 쑤어 식힌다.

三 멸치액젓에 고춧가루를 풀어 불린 뒤 식힌 찹쌀풀과 다진 마늘을 섞고 통깨를 뿌려 양념을 만든다.

四 실파를 5~6개씩 묶어 양념에 버무리고 돌돌 말아서 항아리에 꼭꼭 눌러 담은 후 돌로 누르고 공기가 들어가지 않도록 항아리 입구를 꼭 싼다.

재료 및 분량

실파 1단(500g)
멸치액젓 1/2컵
고춧가루 1컵
다진 마늘 1큰술
찹쌀풀 2컵
(찹쌀가루 1/2컵+물 2컵)
통깨 조금

백김치

배추를 통째로 소금에 싱겁게 절였다가 배추 줄기에 무채, 미나리, 배, 밤, 실고추, 잣, 석이버섯, 표고버섯, 마늘, 생강, 굴, 새우, 낙지 등으로 소를 만들어 켜켜이 넣고 소금물을 부어 깨끗하고 맵지 않게 담가 익힌 김치이다. 오랜 기간 저장하지 않고 추운 겨울동안 먹는데, 초겨울에는 10일이면 익는다. 약간 추운 듯한 5℃ 내외가 담그는 데 적당한 온도이기 때문에 날씨가 추운 이북지방에서 즐겨 먹었던 김치이다. 색이 희고 맛이 개운한 김치이므로, 김칫국물은 맑게 담그는 것이 좋다. 고춧가루를 사용하지 않기 때문에 외국인에게 권유할 만하고 노인, 환자, 어린이에게도 환영을 받는다.

【만드는 법】

一 배추는 겉잎은 떼어 버리고 반으로 쪼개어 아래위 위치를 바꾸어 뒤적이면서 소금물에 4~5시간 정도 절인다.

二 무는 곱게 채 썰고 미나리는 잎을 떼고 손질하여 4cm 길이로 썬다.

三 낙지는 먹통과 내장을 떼고 소금으로 주물러서 4cm 길이로 자르고, 생굴은 묽은 소금물에 흔들어 씻어 껍데기를 골라내고 물기가 빠지도록 건져 놓는다.

四 배와 밤은 껍질을 벗기고 채 썬다. 표고버섯은 물에 불린 다음 기둥을 떼어내고 채 썬다.

五 대파는 흰 부분만 채 썰고, 마늘과 생강은 다듬어 가늘게 채 썬다.

六 절인 배추는 씻어 물기를 털어 놓고 큰 그릇에 무채, 미나리, 배, 밤, 표고버섯, 대파, 마늘, 생강, 새우젓을 넣고 잘 섞은 후 낙지와 생굴, 실고추를 넣어 살짝 섞어서 소를 만든다.

七 배춧잎 사이사이에 포기김치를 담글 때와 같이 소를 넣고 잣을 3~4개씩 박아 겉잎으로 싼다.

八 김치를 항아리에 차곡차곡 담고 떨어진 배춧잎으로 위를 덮은 후 소를 버무린 그릇에 소금 2큰술과 물 2L를 넣고 잘 헹구어 항아리에 붓는다.

재료 및 분량

배추 5통(10kg)
절임용 소금물(소금 4컵+물 5L)
무 2개(2kg)
미나리 1단(200g)
낙지 3마리
생굴 300g
배 2개
밤 10개
표고버섯 3개
대파 2뿌리
마늘 3통
생강 2톨
잣 2큰술
실고추 20g
새우젓 1/2컵
소금 1큰술
국물용 소금물(소금 2큰술+물 2L)

배추 절이기 

배추는 약간 덜 절인 듯해야 맛이 좋아진다. 오전에 절이기 시작하면 저녁에 씻어 담고 저녁에 절이기 시작하면 아침 일찍 일어나서 씻어 건진다.

보쌈김치_보김치

넓은 배춧잎을 줄기 채 절여서 배추와 무에 양념과 새우, 생굴, 표고버섯, 밤편, 배, 낙지 등의 여러 가지 고명을 넣고 담근 것을 넓은 배춧잎에 싸서 익히기도 하고, 통배추를 절여 토막으로 썬 것을 넓은 배춧잎에 놓고 줄기의 사이사이에 여러 가지 고명과 양념을 넣어 담기도 한다.

보쌈김치는 보김치 또는 쌈김치라고도 부르며 개성지방의 향토김치이다. 본래 개성배추는 줄기가 길고 잎이 넓었으므로 김치를 싸는 형태의 보쌈김치가 먼저 개발되었다고 본다.

재료 및 분량

배추 2통
절임용 소금 $1\frac{1}{2}$컵
무 1개
쪽파 150g
미나리 200g
표고버섯 3개
전복 2개
낙지 1마리
생굴 100g
배 1/2개
밤 6개
잣 3큰술
조기젓 2마리
새우젓 1/3큰술
대파 1뿌리
마늘 6쪽
생강 1톨
고춧가루 1/2컵
통깨 2큰술
실고추 조금
배추 우거지 적량

【만드는 법】

一 속이 꽉 차고 길이가 길며 잎이 푸른 배추를 골라 밑동 쪽에 칼집을 넣고 반으로 쪼개어 소금에 절인다.

二 무는 나박썰기 하여 고춧물을 들인다.

三 쪽파와 미나리는 씻어 줄기만 4cm 정도로 썬다.

四 표고버섯은 불려 마름모꼴로 썬다.

五 전복은 소금으로 주물러 잘 씻어 무와 같은 크기로 얇게 저며 썬다.

六 낙지는 소금으로 주물러 깨끗이 씻어 물기를 빼고 4cm 길이로 썬다.

七 생굴은 연한 소금물에 껍데기가 들어가지 않도록 씻어 물기를 뺀다.

八 배는 껍질을 벗겨 3~4cm 크기로 나박썰기 하고 밤은 속껍질을 벗겨 편으로 썬다.

九 조기젓은 머리와 꼬리를 떼고 포를 떠서 가시를 발라내고 살을 저며 고춧가루로 버무린다. 새우젓은 건더기를 꼭 짜서 곱게 다진다.

十 대파는 흰 부분만 4cm 길이로 채 썰고 실고추도 2cm 길이로 썰어 둔다.

十一 마늘과 생강은 절반 분량은 채 썰고 나머지 반은 곱게 다진다.

十二 배추 속잎을 무보다 약간 크게 3~4cm 길이로 썰어 전복, 낙지, 실고추, 새우젓국, 무, 마늘, 생강, 통깨와 함께 가볍게 섞고 고춧가루, 표고, 밤, 조기젓, 새우젓을 더 넣어 다시 버무린다.

十三 절인 배추의 큰 잎을 떼어 내고 줄기 부분을 방망이로 자근자근 두들겨 놓는다.

十四 보시기에 배춧잎 3장을 넓게 깔고 버무린 재료를 담으면서 사이사이에 낙지, 배, 굴, 잣 등을 골고루 담고 배춧잎으로 잘 감싼다. 다시 겉잎으로 단단히 싸서 항아리에 차곡차곡 담고 위에 배추 우거지를 소금에 버무려 덮고 돌로 눌러 놓는다. 2~3일 후 김칫국의 간을 보아 싱거우면 새우젓국으로 간을 맞춘다.

부추김치

부추는 예부터 김치 재료로 이용된 채소이다. 솔이나 정구지라고 부르기도 하며, 봄부터 가을까지 손쉽게 구할 수 있는 재료이다. 부추에는 파와 비슷한 성분이 함유되어 있어 파를 넣지 않고 김치를 담가도 맛이 좋다. 소금보다는 멸치젓국과 버무렸을 때 풍미가 더 살아나며 생것일 때부터 신맛이 날 때까지 두고 먹을 수 있다. 남해지방에서는 부추를 멸치젓과 고춧가루, 생강즙을 많이 넣어 진하게 담근 토속 김치인 전구지(田韮漬)를 즐겨 먹는다.

재료 및 분량

부추 2단(800g)
양파 1개
생강 2톨
고춧가루 1/2~2/3컵(50~70g)
멸치젓국(까나리액젓) 5~6큰술
설탕 1큰술
찹쌀풀 1/2컵
(찹쌀가루 1큰술+물 8큰술)

【만드는 법】

一 부추는 통통하고 짧으며 연한 것을 택하여 누런 잎이 없도록 다듬어 물에 씻은 다음 6~7cm 길이로 썰어 놓는다.
二 양파는 가늘게 채 썰고, 생강은 껍질을 벗기고 다져 즙을 짜 놓는다.
三 멸치젓국에 동량의 물을 넣어 끓여서 달인 다음 베보자기에 걸러 맑은 액젓을 만든다. 멸치액젓 대신 까나리액젓을 써도 좋다.
四 찹쌀가루에 분량의 물을 넣어 찹쌀풀을 쑨 다음 식혀 놓는다.
五 멸치액젓에 고춧가루를 넣어 불린 다음 생강즙, 찹쌀풀, 설탕을 넣어 걸쭉한 양념젓국을 준비한다.
六 부추와 양파에 양념젓국을 넣어 고루 섞이도록 살살 버무려 항아리에 담는다. 여름철이면 담근 그날 저녁부터 먹을 수 있다.

부추 손질 

부추를 씻을 때는 밑동을 잡고 물속에서 끝의 흰 부분만 살살 비비며 흔들어 씻어야 줄기에서 풋내가 나지 않는다.

석류김치

김치를 담가 그릇에 담았을 때 그 모양이 석류와 같이 보인다고 하여 붙여진 이름이다. 작은 조선무를 3~4cm 두께의 통으로 둥글게 썬 뒤 바둑판 모양으로 칼집을 내어 백김치 소를 넣어 국물이 촉촉이 있도록 만들며, 동치미 맛과 흡사하고 맵지 않아 어린이나 노인, 환자, 외국인들에게 권하기 좋은 김치이다.

재료 및 분량

동치미무 3개(3kg)
소금물(소금 1컵+물 1.5L)
배춧잎(넓은 것) 20장
무채용 무 1/2개
배 1개
미나리 1/3단(100g)
밤 6개
대추 5개
석이버섯 3개
대파 5뿌리
마늘 $1\frac{1}{2}$통
생강 1톨
실고추 10g
소금 · 설탕 조금

【만드는 법】

一 동치미무는 껍질째 깨끗이 씻고 3~4cm 두께로 토막 내어 가로세로 1cm 간격의 바둑판 모양으로 칼집을 낸다.

二 소금물에 칼집 낸 무를 담가 6~8시간 절이고, 배춧잎도 무 옆에 함께 놓고 절인다.

三 무채용 무와 배는 3cm 길이로 가늘게 채 썰고, 미나리도 다듬어 3cm 길이로 썬다.

四 밤은 껍질을 벗겨 채 썰고, 대추는 씨를 빼고 가늘게 채 썬다. 석이버섯, 파, 마늘, 생강도 곱게 채 썬다.

五 무채에 실고추를 넣고 비벼서 분홍빛이 들도록 한 후 양념을 모두 넣고 소금과 설탕으로 간을 하여 소를 만든다.

六 절여진 무의 칼집 사이사이에 소를 박아 넣는다.

七 소를 넣은 무를 배춧잎으로 감싸 항아리에 차곡차곡 담은 다음 국물을 붓고 무거운 돌로 눌러 2~3일 동안 익힌다. 먹을 때는 먹기 좋은 크기로 썰어 그릇에 처음 모양대로 담는다.

숙깍두기

재료 및 분량
무(中) 2개(3kg)
소금 1큰술
미나리 1/4단(50g)
쪽파 1/4단(100g)
고춧가루 1/2컵
마늘 6쪽
생강 1톨
새우젓 1½큰술
소금 · 설탕 조금

숙깍두기 간 맞추기 

무는 소금물에 데쳐 간이 더 배었을 우려가 있으므로 젓국과 소금으로 간을 맞추도록 한다.

숙깍두기는 딱딱한 무를 뜨거운 물에 잠깐 데쳐서 부드럽게 만들어 담근 깍두기로, 치아가 튼튼하지 않은 노인들이 즐기는 깍두기이기도 하다. 담근 그날부터 맛이 익을 때까지 먹을 수 있다.

【만드는 법】

一 무는 깍둑썰기 하여 끓는 물에 소금을 넣고 살짝 데쳐 건져 놓는다.
二 미나리와 쪽파는 3cm 길이로 자르고, 마늘과 생강은 곱게 다진다.
三 무에 고춧가루, 마늘, 생강을 넣어 버무린 다음 미나리, 쪽파, 새우젓을 넣고 다시 가볍게 버무린다.
四 젓국과 소금으로 간을 맞추고 기호에 따라 설탕을 조금 첨가하기도 한다.

오이송송이_궁중 호과홍조(胡瓜紅俎)

재료 및 분량
오이 10개
절임용 소금 1/2컵(100g)
대파 2뿌리
마늘 1통
생강 1톨
고춧가루 4큰술
새우젓 1큰술

오이 손질법 

씨가 많은 오이는 씨 부분을 제거해 주는 것이 좋다.

작은 크기의 오이깍두기를 일컫는 말이다. 오이깍두기와 만드는 방법은 같으나 오이를 세로로 4등분하고 2~5cm 길이로 잘라 사용하므로 그 크기가 오이깍두기보다 작다.

【만드는 법】

一 오이는 쓴맛이 나는 꽁지 부분은 제거하고 2~5cm 길이로 가른 후 세로로 다시 넷으로 잘라 소금을 뿌려 절인다.
二 대파의 흰 부분, 마늘, 생강은 다지고 새우젓 건더기도 다져 놓는다.
三 절여 놓은 오이는 채반 위에 놓아 물기를 빼고 파, 마늘, 생강, 고춧가루, 새우젓에 버무린 후 항아리에 꼭꼭 눌러 담아 맛을 들인다.

오이소박이

오이는 예부터 이용하던 김치 재료로 옛 이름은 호과침채(胡瓜沈菜)라 했다. 오이는 가늘고 연하며 씨가 없는 것으로 고른다. 소금에 절일 때는 눌러서 물기를 빼야 아삭아삭하고 맛있는 소박이가 된다. 오이소박이는 다른 김치에 비해 빨리 신맛이 나므로 조금씩 담가 먹어야 하고, 남는다 해도 찌개에 넣기에는 적당하지 않은 김치이다.

재료 및 분량

오이 10개(20kg)
절임용 소금물(소금 100g+물 2컵)
대파 1뿌리
마늘 1통
생강 1톨
고춧가루 4큰술
새우젓 3큰술
소금 2큰술
설탕 1작은술
소금물(소금 1큰술+물 5큰술)
배추 우거지 적량

【만드는 법】

一 오이는 소금으로 문질러 깨끗이 씻어 양끝을 잘라 버리고 7cm 길이로 일정하게 자른 다음 양끝을 1~2cm씩 남기고 열십자나 세 갈래로 가운데에 길게 칼집을 넣어 소금물에 3~4시간 정도 절인다.

二 썰 때 남은 오이와 대파, 마늘, 생강을 다져 고춧가루와 섞고 새우젓, 소금, 설탕을 함께 넣어 소를 준비한다.

三 오이의 양끝을 눌러 보아 잘 벌어지면 찬물에 헹구고 마른 행주로 감싸 물기를 뺀다.

四 준비된 양념 소를 오이 속에 채워 넣고 항아리에 담은 다음 소를 버무린 그릇을 소금물로 헹구어 항아리에 붓는다.

五. 배추 우거지로 오이소박이 윗부분을 덮고 돌로 눌러 시원하게 보관하고, 익으면 절반으로 썰어 단면이 보이도록 그릇에 담는다.

오이소박이 소 만들기 

- 오이를 자르고 길이가 맞지 않아 남는 부분은 다져서 소로 이용한다. 만약 남는 부분이 없더라도 일부는 다져서 소로 사용하여야 부추를 사용하는 것보다 더욱 깔끔한 김치를 담글 수 있다.
- 반가나 궁중 오이소박이는 부추를 넣지 않았다. 또한 파, 마늘, 고추를 채 썰어 넣기도 하고 오이가 길면 허리를 파로 동여매서 담기도 하였다. 오이에 쇠고기를 양념하여 잘게 부서지도록 볶아서 소로 넣고 장에 담가 바로 먹을 수 있도록 한 것이 소금으로 만든 오이소박이보다 맛이 좋다고 하였다.

토마토소박이

싱싱하고 덜 익은 토마토를 이용하여 담가 먹는 김치로 특히 외국인들이 매우 좋아한다. 소박이용 토마토는 적당히 익어 탱탱한 것이 좋으며, 아주 푸르거나 빨갛게 익어 무른 것은 제외한다. 토마토소박이는 담근 그날부터도 먹을 수 있으며, 연령과 인종에 관계없이 모두 좋아하는 김치이다.

재료 및 분량

토마토 10개
무 1개
미나리 1/2단
대파 2뿌리
마늘 2쪽
고춧가루 2큰술
새우젓 또는 액젓 3큰술
소금 4큰술
배추 우거지 적량

【만드는 법】

一 토마토는 중간 크기나 작은 것을 골라 꼭지를 도려내고 밑면은 남긴 채 둥근 면을 6~8등분으로 칼집 낸다.

二 칼집 사이에 소금 3큰술을 고루 뿌려 숨이 죽고 간이 배도록 절인다.

三 미나리는 잎을 떼어 4cm 길이로 자르고 무와 대파는 가늘게 채 썰고 마늘은 다져 놓는다.

四 무채는 고춧가루로 붉은 물을 들인 다음 미나리, 파, 다진 마늘, 새우젓, 소금 1큰술을 함께 섞어 소를 만든다.

五 토마토의 칼집에 사이에 소를 넣고 병에 차곡차곡 담은 다음 배추 우거지로 덮어서 하루에서 이틀 정도 숙성시킨다.

고추소박이

재료 및 분량

풋고추 30개
절임용 소금물(소금 5큰술+물 1컵)
무 120g
부추 100g
쪽파(또는 실파) 50g
양파 50g
생강 1/3톨
멸치액젓 3큰술
잣 1큰술
설탕 2작은술
소금물 조금
배추 우거지 2~3장

맵지 않은 풋고추를 길이로 갈라 무채와 함께 버무린 소를 채워 담는 김치이다. 고추소박이의 소는 희게 만들기도 하고 고춧물을 들여 통김치 만들 때와 같이 붉게 만들기도 한다.

【만드는 법】

一 맵지 않은 풋고추를 골라 꼭지 부분을 1cm 정도 남기고 길이대로 칼집 넣어 소금물에 30~40분간 절인 다음 숨이 죽으면 건져서 물기를 빼 놓는다.

二 무는 2cm 길이로 곱게 채 썰고, 부추, 쪽파, 양파, 생강도 같은 길이로 썰어 멸치액젓, 설탕을 넣고 버무려 소를 만든다.

三 풋고추 속에 소를 채우고 잣을 2~3개씩 박아 항아리에 차곡차곡 담는다.

四 배추 우거지로 고추소박이 윗부분을 덮고 돌로 눌러 살짝 잠기도록 소금물을 부은 후 서늘한 곳에 보관한다.

양배추보김치_양배추보쌈김치

【만드는 법】

一 양배추는 뿌리와 겉잎을 제거하고 큰 것은 네 쪽, 작은 것은 두 쪽으로 쪼개어 소금물에 넣고 10~12시간 동안 절인 다음 낱장으로 떼어 둔다.

二 오이는 소금으로 문질러 씻은 후 4cm 길이로 자르고 편으로 썰어 소금을 조금 뿌려 살짝 절여 두고, 무도 오이와 같은 길이로 채 썬다.

三 미나리는 잎을 떼고 소금에 절여 양배추를 묶는 데 이용할 수 있도록 준비한다. 대파는 채 썰고 마늘, 생강은 다진다.

四 오이와 무채에 파, 마늘, 생강, 고춧가루, 새우젓을 넣고 버무려 소를 만든다.

五 양배추 잎 위에 소를 넣고 양옆을 접은 후 말아 주면서 보쌈을 만들고 절여 놓은 미나리로 풀어지지 않도록 가운데 부분을 묶는다.

六 김치를 항아리에 차곡차곡 넣고 남은 배춧잎으로 위를 덮는다. 소를 만들었던 그릇에 물 1컵을 붓고 간을 맞춰 김칫국물을 만들어 항아리에 붓고 익힌다.

七 먹을 때는 썰어서 그릇에 담는다.

재료 및 분량

양배추 1통(3kg)
절임용 소금물(소금 150g+물 1L)
오이 2개
무 200g
미나리 100g
대파 3뿌리
마늘 3통
생강 1톨
고춧가루 200g
새우젓 1/2컵
소금 2큰술

보쌈김치의 적정 크기 

완성된 보쌈김치는 절반으로 잘라 그릇에 담을 수 있는 크기가 적당하므로 너무 커지지 않도록 소의 양을 조절하여 말아 주는 것이 좋다.

양배추김치

재료 및 분량

양배추 1통(1.5kg)
절임용 소금 50g
물 2컵
오이 500g
무 200g
당근 1/2개
대파 3뿌리
다진 마늘 30g
다진 생강 100g
찹쌀풀 1/2컵
새우젓 2큰술
김칫국물(육수) 1/2컵
고운 소금 1작은술

【만드는 법】

一 양배추는 뿌리와 겉잎을 제거하고 잎을 뜯어 씻은 후 4~5cm 크기로 네모나게 썰어 소금에 절인 다음 물에 헹궈 건져 놓는다. 이때 줄기가 두꺼우면 칼로 저며 얇게 만든다.

二 오이는 4~5cm 길이로 자르고 4등분 하여 씨를 도려내고 소금에 절인다.

三 무, 당근은 곱게 채 썰고 대파는 어슷썰어 준비한다.

四 양배추, 오이, 무, 당근, 대파에 찹쌀풀과 새우젓을 잘 섞어 넣은 다음 마늘, 생강을 함께 넣고 버무린다. 여기에 소금으로 간을 맞춘 김칫국물을 부어 항아리에 족족 눌러 담고 숙성시킨다.

五 기호에 따라 고춧가루를 조금 넣기도 하고, 백김치로 담거나 붉은 고추로 색만 맞추기도 한다.

얼갈이김치

재료 및 분량

얼갈이배추 1단(1kg)
미나리 1/2단(100g)
절임용 소금 적량
대파 1뿌리
마늘 4쪽
실고추 · 설탕 조금
물 3컵
식초 4큰술
간장 2큰술
잣 1큰술

《조선무쌍신식요리제법》에 소개된 것으로, 12월 하순부터 2월에 이르기까지 간장과 식초를 넣어 새콤달콤하게 해서 먹는 김치이다. 묵은 김장김치를 먹는 겨울에 개운한 느낌을 줄 수 있는 김치이다. 일명 얼간초김치라고도 한다.

【만드는 법】

一 얼갈이배추와 미나리를 다듬어 7cm 길이로 썰고 소금을 조금 뿌려 10분 정도 절인다.

二 대파와 마늘은 채 썰고, 실고추, 설탕을 넣고 잘 섞어 양념을 만들고, 절인 배추와 미나리에 넣고 버무린다.

三 먹을 때는 물을 붓고 식초와 간장을 넣어 간을 맞추고 잣을 띄운다.

열무김치

【만드는 법】

一 열무는 억센 잎은 떼어 버리고 연하고 부드러운 부분을 골라 깨끗이 다듬은 후 6~7cm 길이로 썰어 소금에 살짝 절였다가 물에 가볍게 씻어 소쿠리에 건진다. 너무 오래 절이면 시원한 맛이 적어지므로 주의한다.

二 대파는 어슷썰기 하고 마늘과 생강은 다진다. 붉은 고추는 반을 갈라 물에서 흔들어 씨를 제거하고 블렌더에 갈아 놓는다.

三 찹쌀가루에 분량의 물을 섞고 풀을 쑤어 식힌 다음 너무 되직해지지 않도록 찬물을 1컵 정도 섞어 희석시켜 놓는다.

四 파, 마늘, 생강, 붉은 고추와 고춧가루, 새우젓, 찹쌀풀을 섞어 김치양념을 만들고 절여 놓은 열무에 켜켜이 끼얹는다.

五 2% 정도의 소금물을 만들어 열무에 홍건하게 부어 익힌다.

재료 및 분량

열무 2단(5kg)
절임용 소금 1컵(200g)
대파 4뿌리
마늘 2통
생강(小) 1톨
붉은 고추 3개
고춧가루 $3\frac{2}{3}$컵
새우젓 1큰술
찹쌀풀 1컵
(찹쌀가루 2큰술+물 $1\frac{1}{3}$컵)
소금물(소금 20g+물 1L)

채김치

무를 채 썰어 담그는 김치로 재료나 만드는 방법에 따라 조금씩 다르다. 그 중 한 가지를 소개하면 다음과 같다.

【만드는 법】

一 무는 깨끗이 씻어 너무 가늘지 않게 채 썰고 소금에 절인 다음 고춧가루를 넣고 잘 비벼 붉은 물을 들인다.

二 미나리는 잎과 뿌리를 떼고 줄기 부분만을 깨끗이 씻어 4cm 길이로 자르고, 갓도 깨끗이 다듬어 4cm 길이로 썬다.

三 대파, 마늘, 생강, 새우젓은 각각 다져 놓는다.

四 무채에 미나리, 갓, 대파, 마늘, 생강, 새우젓을 넣고 잘 버무린다.

五 굴은 연한 소금물에서 살살 씻어 건지고 버무리는 마지막 단계에 넣는다.

재료 및 분량

무(中) 2개(3kg)
절임용 소금 150g
고춧가루 6큰술
미나리 100g
갓 50g
생굴 1컵
대파 3뿌리
마늘 $1\frac{1}{2}$통
생강(小) 1/2톨
새우젓 2큰술

해물 첨가 시 

기호에 따라 생태, 오징어, 꼴뚜기 등을 부재료로 사용할 수 있는데 이러한 해물 종류는 나중에 넣고 버무려야 으깨지지 않는다.

열무얼갈이물김치

열무와 얼갈이배추를 섞어 물김치를 담그면 맛이 좋고 부드럽다. 특히 열무물김치는 젓국을 쓰거나 미리 소금에 절이지 않고 그대로 담그기 때문에 건더기가 연하고 부드러우며 맛이 개운하다.

【만드는 법】

一 열무는 떡잎과 뿌리, 끝의 넓은 잎을 떼어 내면서 줄기(중간) 부분을 5~6cm로 자르고 깨끗한 물에 씻어 건져 놓는다.

二 얼갈이배추는 밑동을 잘라 버리고 끝의 넓은 잎을 떼어 내면서 5~6cm 길이로 자르고 깨끗한 물에 2~3번 씻어 건져 놓는다.

三 풋고추는 0.7×3cm로 썰고 붉은 고추는 블렌더에 갈아 놓는다. 마늘은 껍질을 벗겨 곱게 다진다.

四 밀가루 2큰술에 물 1컵을 넣고 밀가루풀을 쑨 다음 물을 더 붓고 묽게 만들어 식혀 놓는다.

五 묽은 밀가루풀에 풋고추, 붉은 고추, 다진 마늘, 고춧가루, 소금, 설탕을 넣고 김칫국물을 만든다.

六 준비한 열무와 얼갈이배추를 섞어 세 번에 나누어 김칫국물과 번갈아 가며 넣고 뚜껑을 덮어 하루 동안 익힌다.

재료 및 분량

열무 1단(1kg)
얼갈이배추 1단(1kg)
풋고추 7개
붉은 고추 3개
마늘 6쪽
고춧가루 2큰술
소금 2큰술
설탕 2큰술
밀가루풀 1컵
(밀가루 2큰술+물 1컵)
물 2L

우엉김치

뿌리 채소인 우엉이 굵은 것이 있을 때 썰어서 데쳐 부드럽게 한 후 김치 양념에 버무려 익혀서 통깨를 뿌린 별미 김치에 속한다.

【만드는 법】

一 우엉은 껍질을 벗겨 5cm 길이로 썰고 갈변하는 것을 방지하기 위해 소금물에 잠깐 담가 둔다.

二 우엉을 깨끗한 물에 헹궈 채반에 밭쳐 물기를 빼고 쌀뜨물에 살짝 데친다.

三 쪽파는 다듬어 4cm 길이로 자르고, 마늘과 생강은 다진다.

四 찹쌀가루에 분량의 물을 넣어 찹쌀풀을 쑤어서 식힌 다음 다진 마늘, 다진 생강, 고춧가루, 멸치액젓을 섞어 양념을 만든다.

五 우엉과 쪽파에 양념을 넣고 버무려 통깨를 뿌린 후 그릇에 눌러 담고 절인 배춧잎으로 위를 덮는다.

재료 및 분량

우엉 2kg
소금물(소금 200g+물 1L)
쪽파 300g
마늘 4쪽
생강 1/2쪽
고춧가루 1/2컵
멸치액젓 3큰술
통깨 3큰술
찹쌀풀 1컵
(찹쌀가루 2큰술+물 1$\frac{1}{3}$컵)
쌀뜨물 적량
절인 배춧잎 2~3장

우엉 손질하기 

우엉 껍질은 칼등으로 긁어 벗긴다. 굵은 우엉일 경우 연필 깎듯이 옆으로 빗겨 썬다.

유자김치

재료 및 분량

배추(中) 3통(6kg)
절임용 소금물(소금 600g+물 3L)
무(中) 1개(1.5kg)
미나리 1/3단(70g)
갓 200g
쪽파 100g
유자 1~2개
마늘 3통
생강 1/2톨
통깨 2큰술
고춧가루 1컵(100g)
생멸치젓국 또는 액젓 1/3컵
찹쌀풀 1/2컵
(찹쌀가루 1큰술+물 2/3컵)
배추 우거지 적량

배추김치를 담글 때 향기 있는 유자를 채 썰어 소에 버무리는 김치이다.

【만드는 법】

一 배추는 누런 겉잎을 떼어 내고 4등분 하여 소금물에 절인 다음 찬물에 헹구고 소쿠리에 건져 물기를 뺀 후 배추 심을 제거한다.

二 무는 잔뿌리를 정리하고 깨끗이 씻어서 채 썬다.

三 미나리는 잎과 뿌리를 제거하여 4cm 길이로 썰고, 갓과 쪽파는 잘 다듬어 씻고 4cm 길이로 썬다.

四 유자는 껍질을 깨끗이 씻고 4등분 하여 곱게 채 썬 다음 알맹이 부분을 다져 놓고, 마늘과 생강도 다져 놓는다.

五 찬물에 찹쌀가루를 넣고 찹쌀풀을 쑤어 식힌 다음 생멸치젓국과 고춧가루를 넣어서 개어 놓는다.

六 불린 고춧가루 양념에 무채를 먼저 버무린 다음 유자, 다진 마늘, 생강을 넣어 다시 한 번 버무려서 소를 만든다.

七 절여 놓은 배추에 켜켜이 소를 넣어 항아리에 담고 위에 배추 우거지로 덮어 익힌다. 갓 담근 김치에서 저절로 생긴 김칫국물이 자작하게 잠기지 않으면 무거운 돌로 누르고 국물을 조금 만들어 붓는다.

장김치

장김치는 배추와 무를 간장에 절였다가 그 국물을 이용하는 김치로, 소금에 절인 김치보다 싱겁고 여러 가지 고명이 들어가서 빨리 익으므로 오래 두고 먹기 어렵다. 설이나 추석에 즐겨 먹고 서늘한 날씨에도 2~3일 후면 익는다. 교자상이나 떡국상에 어울린다.

재료 및 분량

배추속대 500g
무 500g
간장 1컵
미나리 50g
갓 50g
흰 파 30g
배 1개
석이버섯 4개
표고버섯 2개
밤 5개
잣 1큰술
마늘 20g
생강 10g
실고추 약간
설탕 2큰술
물 3컵

【만드는 법】

一 배추는 3×3cm로 썰고 간장 1/2컵을 부어 절인다.
二 무는 3×4×0.7cm로 썰어 나머지 간장에 절인다.
三 미나리와 갓은 3cm 길이로 썰고, 흰 파는 채 썬다.
四 배는 무와 같은 크기로 썰고, 석이버섯과 표고버섯은 물에 불려 채 썬다.
五 밤은 껍질을 벗겨 편으로 썰고, 잣은 고깔을 떼어 놓는다.
六 마늘과 생강은 채 썰고, 실고추는 2cm 길이로 자른다.
七 따로따로 절여진 배추와 무는 건지고 간장국물은 따로 둔다.
八 배추와 무 이외의 모든 재료를 함께 담고 파, 마늘, 실고추가 맛이 들도록 섞는다.
九 절일 때 사용한 간장은 물을 부어 갈색 장국을 만들어 김치 건더기에 자작하게 붓는다.

간장국물 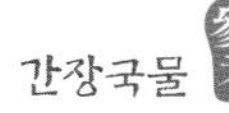

간장을 너무 많이 부어 검어지지 않도록 국물을 조절해야 한다.

골곰짠지

재료 및 분량

배춧잎 1kg
절임용 소금물(소금 100g+물 2컵)
무말랭이 500g
마른 고춧잎 100g
찹쌀풀 2컵
(찹쌀가루 1/3컵+물 2컵)
엿기름 2컵
고춧가루 2컵
대파 2뿌리
마늘 3톨
생강 2톨
멸치젓 1컵
새우젓 5큰술
통깨 3큰술

경상도 향토음식으로 가을에 말려 놓았던 무말랭이와 말린 고춧잎, 배추속대 등으로 김치가 떨어졌을 때쯤 먹을 수 있게 담그는 장아찌 같은 김치이다. 일명 건짠지라고도 한다.

【만드는 법】

一 배춧잎은 3~4cm 길이로 썰어 소금물에 절였다가 햇볕에 꾸덕꾸덕하게 말린 다음 따뜻한 물에 헹궈 건져 놓는다.

二 무말랭이와 마른 고춧잎은 각각 따뜻한 물에 불렸다가 찬물에 한 번 헹구어 물기를 꼭 짠다.

三 찹쌀가루에 분량의 물을 붓고 찹쌀풀을 쑤어 식힌다. 엿기름은 미지근한 물을 부어 주물러서 엿기름물을 받아 가라앉힌다.

四 대파는 채 썰고, 마늘과 생강은 다진다. 멸치젓과 새우젓은 국물을 짜서 건더기를 다져 놓는다.

五 배춧잎, 무말랭이, 고춧잎에 찹쌀풀과 엿기름 물, 고춧가루, 마늘, 생강, 멸치젓, 새우젓을 넣고 버무린다.

六 통깨를 뿌리고 통에 담아 꼭꼭 눌러 보관한다.

죽순물김치

연한 죽순을 이용하여 소금물에 담가 아린 맛을 뺀 후 동치미 담그듯이 하여 무와 함께 많이 담가 먹는 김치로, 사찰에서 주로 먹는다.

【만드는 법】

一 죽순은 밑을 반쯤 잘라 쌀뜨물에 삶아 껍질을 벗긴 후 쌀뜨물이나 밀가루를 탄 물에 소금을 넣고 4~5일 동안 담가 아린 맛을 뺀다. 죽순에 끼어 있는 흰 앙금은 깨끗이 씻고, 빗살 모양이 보이도록 4cm 길이로 자른다.

二 무는 3mm 두께로 둥글게 썰어 소금에 살짝 절이고, 배는 무보다 크지 않게 썰어 엷게 탄 설탕물에 담가 놓는다.

三 미나리는 잎을 떼고 다듬어 씻어 줄기만 4cm 길이로 썰고, 쪽파는 다듬어 살짝 절여 4~5cm 길이로 썬다.

四 대추는 돌려 깎은 후 씨를 제거하여 채 썰고, 석이버섯은 따뜻한 물에 담가 뒷부분의 이끼나 돌을 손으로 문질러 제거하고 굵게 채 썬다.

五 마늘은 편으로 썰고 생강은 다져서 즙을 낸다. 잣은 고깔을 떼어 손질하고, 실고추는 짧게 끊어 놓는다.

六 찹쌀가루에 분량의 물을 넣고 찹쌀풀을 쑨 후 물 6컵을 더 넣어 김칫국물을 만들고 소금으로 간을 한다.

七 절인 무에 실고추를 문질러 붉은 물을 들이고 죽순과 합하여 준비한 양념을 가지런히 넣은 다음 항아리에 담고 재료가 뜨지 않도록 무거운 것으로 누른 후에 김칫국물을 넣고 냉장 보관한다. 먹을 때는 잣을 올린다.

재료 및 분량

죽순 1kg
쌀뜨물 또는 밀가루를 푼 물 1L
소금 50g
무(小) 1/2개(500g)
배 1개
연한 설탕물 적량
미나리 1/2단(100g)
쪽파 1/4단(100g)
대추 5개
석이버섯 3개
마늘 6쪽
생강 1톨
잣 1큰술
찹쌀풀 2컵
(찹쌀가루 2큰술+물 2컵)
물 6컵
소금 3큰술
실고추 조금

무 손질 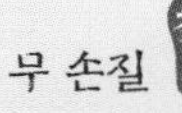

무가 너무 큰 경우에는 3mm 두께로 반달썰기를 한다.

알타리김치

알타리무를 잎과 함께 담그는 김치를 말한다.

【만드는 법】

一 알타리무는 무청의 겉 부분을 떼어 내고 무와 무청 사이를 솔로 문질러 씻은 다음 2등분 또는 4등분으로 잘라 소금에 6시간 정도 절인다.

二 갓과 쪽파는 깨끗이 다듬어 씻은 다음 가지런히 해서 소금에 살짝 절이고, 미나리는 3~4cm 길이로 썬다.

三 마늘과 생강은 다지고, 고춧가루는 설탕을 조금 넣고 따뜻한 물에 개어 놓는다.

四 찹쌀가루에 분량의 물을 넣어 풀을 쑤어 식힌 다음 불린 고춧가루, 멸치젓, 새우젓, 다진 마늘, 다진 생강을 섞어 양념을 만든다.

五 갓은 물에 씻어 소쿠리에 담아 물기를 빼고 여기에 갖은 양념을 넣어 고루 버무린다.

六 절인 알타리무에 양념을 고루 묻혀 버무리고 갓, 쪽파, 미나리가 고루 들어가도록 한 손에 잡아 또아리를 틀어 주듯 묶어 항아리에 차곡차곡 담는다.

재료 및 분량

알타리무 4단(약 10kg)
절임용 소금 500g
갓 500g
쪽파 200g
미나리 100g
마늘 4통
생강 2톨
고춧가루 3컵
따뜻한 물 1½컵
설탕 2큰술
멸치젓 2/3컵
새우젓 2/3컵
찹쌀풀 2컵
(찹쌀가루 4큰술+물 3컵)

해물김치

재료 및 분량

무(小) 5개(5kg)
생태 2마리
소금 1큰술
물오징어 2마리
도루묵 10마리
미나리 200g
갓 200g
실파 100g
대파 2뿌리
마늘 3통
생강 1톨
고춧가루 $1\frac{1}{2}$컵
생멸치젓국 1컵
배추 우거지 적량

【만드는 법】

一 무는 도톰하게 나박썰기 하고 고춧가루를 섞어 놓는다.

二 생태는 아가미와 내장을 제거하고 깨끗이 씻은 다음 1cm 두께로 썰어 고춧가루를 조금 넣어 색을 내고 소금을 뿌려 놓는다.

三 물오징어는 내장을 제거하고 깨끗이 씻어 무와 같은 크기로 썬다.

四 도루묵은 비늘을 긁고 아가미와 내장을 제거한 후 깨끗이 씻고 2~3토막 내어 무와 같은 크기로 썬다.

五 미나리, 갓, 실파는 깨끗이 다듬어 씻은 후 4cm 길이로 썰고, 대파는 어슷썰기 한다.

六 무에 미리 준비한 각종 해물과 양념을 섞고 생멸치젓국으로 간을 하여 고루 섞이도록 버무린 다음 항아리에 넣고 배추 우거지를 덮어 돌로 눌러 놓는다. 기호에 따라 소금을 첨가할 수도 있다.

호박김치_호박지

재료 및 분량

청둥호박 1통(2kg)
배추(小) 1통(1kg)
무청 1kg
호박·배추·무청 절임용 소금 300g
대파 100g
마늘 3통
생강 1톨
고춧가루 $1\frac{1}{4}$컵
황석어젓 1/2컵
새우젓 1/2컵
실고추 조금

호박김치 參考

절인 호박의 물기를 손으로 눌러 짜면 모양이 으스러지므로 주의한다.

주로 겨울철에 뚝배기에 담아 지져 먹는 찌개용 김치로, 청둥호박, 우거지, 무청 등을 이용한다. 충청도 향토음식이며, 황해도 호박김치도 유명하다.

【만드는 법】

一 청둥호박은 껍질을 벗겨 반으로 자르고 두께 0.7cm 정도의 호박고지 모양으로 만든 후 5~6cm 길이로 잘라 소금에 절였다가 건져 놓는다.

二 배추와 무청은 호박 길이로 썰어 소금에 절인 후 물에 씻어 소쿠리에 건져 놓는다.

三 대파, 마늘, 생강은 다져 놓는다.

四 황석어젓은 살을 저며 동량의 물을 붓고 끓인 후 체에 한지를 깔고 걸러서 맑은 젓국을 받아 둔다.

五 절여서 건져 놓은 모든 재료에 고춧가루를 넣고 황석어젓과 새우젓으로 간을 맞추면서 각종 양념을 넣어 버무린 후 항아리에 눌러 담아 익힌다.

고추씨 짠 무청김치

고급 김치는 아닌 허드레김치로 더운 여름에 개운하게 먹을 수 있는 김치이다.

【만드는 법】

一 무청은 누런 잎을 뜯어내고 깨끗이 다듬어 소금물에 절인 후 찬물에 씻어 소쿠리에 건져 놓는다.

二 무는 껍질째 씻어 길이로 반을 자르고, 마늘과 생강은 편으로 썰어 놓는다.

三 무청과 무를 항아리에 드문드문 섞어 담으면서 고추씨와 마늘편, 생강편을 조금씩 뿌리고 꼭꼭 눌러 담은 다음 맨 위에 무거운 돌을 얹어 뜨지 않도록 한다.

四 5% 소금물을 위에 자작하게 붓고 항아리를 잘 봉한 뒤 뚜껑을 덮어 익도록 하여 6~7월에 꺼내어 먹는다. 땅에 묻혀 있는 항아리에 담아야 좋다.

재료 및 분량

무청 10kg(20폭 거리)
절임용 소금물(천일염 3컵+물 3L)
무(小) 5~10개
고추씨 3컵
마늘 10통
생강 4톨
소금물 적량

제4장

젓갈·식해

제 4 장
젓갈 · 식해

우리나라 젓갈은 예부터 중요한 반찬의 재료로 널리 이용해 온 수산 발효식품으로, 생선을 염장 발효시킨 것, 굴이나 조개류에 소금을 첨가하여 발효시킨 것, 생선에 무와 곡류를 넣어 짜지 않도록 발효시킨 것 등으로 나뉜다.

각종 어패류에 소금을 첨가하여 발효시킨 젓갈은 소금의 방부력과 자체 내에 지니고 있는 프로테아제, 아밀라아제, 리파아제 등의 효소작용에 의해서 원료에 함유되어 있는 단백질, 글리코겐, 지방이 서서히 분해되어 특유한 맛이 생성되고 고유의 식품 향과 어울리게 된다. 또한 식해는 어패류에 식물성 식품인 곡류와 채소를 첨가하여 유기산을 생성함으로써 비교적 낮은 염도로 미생물 생성을 억제하며 김치 대신으로 애용되기도 했다.

젓갈류와 식해류는 그 종류가 100가지 이상이 된다. 젓갈은 용도에 따라 김치나 반찬을 만들 때 조미료로 쓰이는 것과 밥을 먹을 때 밥반찬으로 먹는 것으로 크게 나눌 수 있다. 김치에 쓰이는 젓갈은 새우젓, 조기젓, 황석어젓, 멸치젓, 곤쟁이젓, 갈치젓 등이 있고 반찬용으로는 명란젓, 창난젓, 굴젓, 어리굴젓, 조개젓, 전복젓, 멍게젓, 성게젓 등이 있다.

우리나라 젓갈 제조법은 소금을 10% 내외 사용하는 저염 젓갈류와 20% 내외의 식염만을 침장원으로 하는 것, 30~35%의 고염도에서 장기간 저장되는 젓갈이 있다. 대개는 원재료 양의 20~35%의 소금이 첨가된다고 말하고 있으나 어패류의 종류에 따라 다르고 어떤 온도에서 저장하고 발효시키느냐에 따라 큰 차이를 보인다. 젓갈은 어패류의 조직에 소금이 균일하게 침투되어 소금을 대용할 수 있는 양념의 형태로 이용되고 젓갈의 어체를 완전히 분해하여 얻은 액젓도 조미 양념으로 이용된다.

계절에 따라 생산되는 젓갈의 종류는 매우 다양하다. 봄에는 멸치젓, 조기젓, 황석어젓, 갈치

월별 젓갈 종류

월	젓갈 종류
1월	명란젓, 창난젓, 어리굴젓, 뱅어젓, 병어젓
2월	어리굴젓, 멍게젓, 홍합젓, 조개젓
3월	꼴뚜기젓, 어리굴젓, 곤쟁이젓, 방게젓, 조기젓, 오징어젓, 뱅어젓
4월	꼴뚜기젓, 조개젓, 조기젓, 황석어젓, 멸치젓, 대합젓, 홍합젓, 석화젓, 꽃게장
5월	조기젓, 멸치젓, 준치젓, 소라젓, 석화젓, 새우젓(오젓), 정어리젓, 병어젓, 가자미젓, 황석어젓, 멍게젓
6월	새우젓(육젓), 갈치젓, 오징어젓, 가자미젓, 병어젓, 정어리젓
7월	오징어젓, 곤쟁이젓(감동젓), 새우젓(추젓), 토하젓, 소라젓
8월	오징어젓, 대합젓, 곤쟁이젓, 소라젓
9월	게젓, 어젓(잡어젓), 방게젓, 오징어젓, 대합젓
10월	토하젓, 명란젓, 새우젓(장젓), 방게젓, 게젓, 어리굴젓, 실치젓
11월	전복젓, 명란젓, 창난젓, 어리굴젓, 오징어젓, 토하젓, 낙지젓
12월	굴젓, 뱅어젓, 바지락젓, 까나리젓, 해삼젓

젓, 준치젓, 꼴뚜기젓, 소라젓, 전복젓, 조개젓, 병어젓, 고등어젓, 전갱이젓(아지젓) 등을 담근다. 여름에는 새우젓을 담그는데, 음력 5월에 담는 새우젓을 오젓, 음력 6월에 담그는 것은 육젓이라 한다. 가을에는 새우젓(추젓), 어리굴젓, 게젓 등을 담그고, 겨울에는 가자미젓, 명란젓, 오징어젓, 창난젓, 비우젓, 돔베젓, 대구알젓, 대구모젓, 동태젓, 아감젓 등을 담근다.

(1) 수산발효식품의 역사

우리나라에서 젓갈류가 언제부터 이용되었는지는 원시 토기에서 추정할 수 있다. 우리나라 신석기시대를 대표하는 토기는 간석기와 바닥이 뾰족한 빗살무늬토기로, 우리나라에서 발견된 수많은 빗살무늬토기 유물의 방사성 탄소연대는 기원전 4000년이고 가장 늦은 것은 기원전 1000년경이라고 한다. 유적 분포는 주로 강가나 바닷가에 위치하는 거대한 조개무지를 남기고 있으므로 대체로 강변에 가까운 곳이나 바닷가에 살면서 주로 어로 중심의 생활을 했다고 보고 있다(윤서석, 1999).

우리나라 근해의 바닷물 염도는 31% 이상으로 높기 때문에 저장식품은 농축된 바닷물이나 소금으로 염장하여 보관했을 것으로 추정된다. 따라서 토기는 바다와 강에서 어획한 물고기를 보관하는 등 식품의 조리 · 저장 및 식사시간에 사용된 것임을 알 수 있다. 오랜 세월이 흘러오면서 염도를 높여 부패취가 없는 젓갈을 만들었고 훗날 장(醬)이라고 하는 수산발효식품 내지 조미료로 발전하게 되었다고 본다.

장(醬)이 문헌상 처음 등장한 것은 기원전 3세기에 쓰인 중국의 《주례》(周禮)라고 하며 이것의 설명을 보면 육장(肉醬)으로 기본원리는 원시 젓갈의 제조 원리와 같은 것이다(이철호, 1999; 이성우, 1984). 주례에 쓰여 있는 수산 발효식품의 문자는 해(醢), 자(鮓), 지(鮨)로 나타나 있다. 자(鮓)는 주로 어류를 사용하여 삶은 쌀과 채소를 섞어 염장 발효한 것으로 생선 식해와 같은 것이며, 지(鮨)는 어육장을 의미하는 것으로 해(醢)와 더 유사한 것으로 판단된다 하였다(장지현, 1976).

6세기 전반에 쓰인 중국 문헌 《제민요술》(齊民要術)에도 중국의 수산 발효식품에 대한 내용으로 술, 메주, 식염을 침장원으로 하는 작장법(作醬法)과 곡물, 채소, 식염을 사용하는 어육장법(魚肉醬法)이 주류를 이루고 있다.

우리나라 문헌에서 수산 발효식품을 최초로 언급한 서적은 《삼국사기》(三國事記) 중 〈신라본기〉 제8권으로, 신문왕 3년 2월의 기록으로 왕비를 맞아들이는 절차에서 쌀, 술, 간장, 된장, 육포 등과 함께 젓갈(醢)이 언급되고 있다(장지현, 2001). 삼국시대에는 죽, 떡, 밥의 조리법이 발전되었고 철기문화가 형성되어 무쇠솥이 보급되면서 밥류, 장류, 포, 채소절임, 술, 기름과 더불어 젓갈도 기본 상비식품으로 일반화되었다.

1670년경 조선시대 영남지방 사대부들 사이에서 널리 추앙을 받아 왔던 정부인 안동 장씨가 자손들을 위해 기록한 책 《음식디미방》(飮食知味方)에 게젓 담그는 법과 약개젓 등이 기록되어 있다.

《산림경제》(山林經濟, 1715) 중 〈어육〉(魚肉) 편에 엄육자해(醃肉鮓醢)에 대하여 언급되어 있고, 《증보산림경제》(增補山林經濟, 1766)에는 이른 봄과 가을에 먹는 굴(石花)과 조기(石首魚)에 소금을 층층이 넣어 저장한다고 하여 젓갈 담그는 방법에 대해 언급하고 있다.

1800년 말경 《시의전서》(是議全書)에도 조기젓, 새우젓, 명란젓 담그는 방법이 간단히 기술되어 있다. 또한 《규합총서》(빙허각 이씨, 1809)의 〈주식의〉(酒食議) 편에서는 어육장 담는 큰 독을 묻고 간수하는 법과 청장 만드는 법, 소금으로 소금물을 만들어 독에 붓는 법 등이 설명되어 있다.

우리나라 수산 발효기술은 식염만을 사용하는 적염해(漬鹽醢)를 주종으로 하여 뱅어젓, 새우젓, 조개젓, 굴젓 등을 많이 만들었다. 한편으로는 밥과 채소를 혼합하여 식해를 발전시켜 왔음을 알 수 있다.

농업 백과사전격인 《임원십육지》(林園十六志, 1827) 가운데 음식에 대한 분야인 〈정조지〉(鼎

俎志)에는 동국침해법(東國浸醢法)이라 하여 살아 있는 꽃게를 소금물에 넣어 저장하는 꽃게장을《산림경제본》의 문헌을 인용하여 설명하였다.

(2) 수산 발효식품의 종류

우리나라는 삼면이 바다이고 해류도 달라 서식하는 어종도 다양하여, 각 지역에서 생산되는 젓갈의 종류가 다르다. 문화재보호재단에서 조사한 바에 의하면 우리나라 젓갈류는 175종이나 되었고 식해류도 45종이었다고 한다(장지현, 2001 : 153).

교통수단이 발달된 오늘날에는 전국적으로 소비되는 종류가 널리 퍼져서 지역적인 특색은 옛날처럼 뚜렷하지 않으나 젓갈 종류에는 아직도 지역적 차이가 있다. 서울과 경기도를 비롯한 아주 흔한 수산 발효식품을 열거하면 다음과 같다.

젓 갈

- 생선류 : 멸치젓, 정어리젓, 조기젓, 자리젓, 전어젓, 갈치젓, 밴댕이젓, 황석어젓, 까나리젓, 굴비젓, 액젓(어느 것이나 오랫동안 발효해서 달인 후 걸러서 만든 액체젓)
- 조개류 : 조개젓, 굴젓, 어리굴젓, 바지락젓, 소라젓, 전복젓, 오분자기젓
- 갑각류 : 새우젓(육젓, 오젓, 추젓), 게장, 곤쟁이젓, 토하젓, 참게젓, 꽃게장, 멍게젓
- 연채류 : 오징어젓, 꼴뚜기젓, 낙지젓, 한치젓
- 어패류의 내장 : 명란젓, 창난젓, 대구아가미젓, 해삼창자젓, 게웃젓(전복내장), 성게알젓

식 해

가자미식해, 명태식해, 도루묵식해, 노가리식해

가자미식해

꾸덕꾸덕하게 말린 가자미에 좁쌀밥과 무채, 끓인 엿기름물 등으로 버무려 일주일간 삭혀서 먹는 함경도 향토식품으로, 오랫동안 두고 먹을 수 있는 저장음식이다. 식해는 '젓갈' 이란 의미로 생선을 삭힌 반찬을 말하며, 식혜(음료)와는 다른 뜻이다. 가자미식해는 대표적인 식해 중 하나로, 무와 같이 발효시킨 새콤한 맛이 일품이다.

【만드는 법】

一 가자미는 노랗고 작은 것을 골라 머리와 내장을 제거하고 깨끗이 손질한 다음 소금을 뿌려 이틀 정도 절여 두었다가 한 번 씻어 내고 채반에 널어 하루 정도 더 말린다.

二 좁쌀(메조)로 고슬고슬하게 밥을 지은 다음 식혀 둔다.

三 무는 굵직하게 채 썬 다음 소금에 절였다가 물기를 꼭 짜고, 쪽파는 손질하여 5cm 길이로 썬다.

四 엿기름에 따뜻한 물을 붓고 1~2시간 두었다가 고운체에 걸러 물을 받아 둔다. 건더기를 박박 치대다가 받아 둔 물을 다시 붓고 거르기를 3~4회 반복하여 가라앉힌 뒤 맑은 엿기름물을 받아 삭혀 둔다.

五 말린 가자미를 2~3cm 폭으로 썬 다음 좁쌀밥, 무채, 쪽파, 엿기름물과 합하여 넓은 그릇에 담고 고춧가루로 빨갛게 버무린 다음 다진 마늘, 다진 생강을 넣어 골고루 버무린다.

六 항아리에 식해를 꼭꼭 눌러 담고 무거운 돌로 눌러 일주일을 두면 물이 생기면서 익는다.

재료 및 분량

가자미 5마리
좁쌀 2/3컵
무 200g
쪽파 50g
소금 1/2컵
엿기름 1/2컵
따뜻한 물 2컵
고춧가루 2/3컵
다진 마늘 2큰술
다진 생강 1/2큰술

가자미식해 

- 이틀 정도 절인 가자미가 꾸덕꾸덕하게 마르지 않았다면, 면포에 싸서 큰 돌로 눌러 놓는다.
- 무는 이틀 후에 조밥이 조금 삭은 후에 넣는다.

간장게장

재료 및 분량
꽃게 3마리(약 1kg)

간장 양념
간장 2컵
물 1컵
설탕 4큰술
청주 4큰술
마른 고추 3개
양파 1/4개
마늘 2통
생강 1톨
감초 3쪽
다시마 10cm
통후추 1큰술

【만드는 법】

一 게는 껍데기째 솔로 문질러 씻은 후 등딱지를 떼어 낸 다음 안쪽에 붙은 아가미와 지저분한 것들을 제거하고 흐르는 물에 헹구어 물기를 뺀다. 손질한 살덩어리를 껍데기에 그대로 담아 두고 그릇에 차곡차곡 담는다.

二 마른 고추는 반을 잘라 씨를 털어 내고, 마늘은 껍질을 까 둔다. 생강은 편으로 얇게 썬다.

三 분량의 간장 양념 재료를 두꺼운 그릇에 모두 넣고 중불에서 은근히 끓여 우려 낸 다음 체에 밭쳐 건더기를 건져 내고 식힌다.

四 손질한 게를 항아리에 차곡차곡 담아, 식힌 간장을 부어 서늘한 곳에 이틀 정도 두었다가 간장만 따라 낸다. 간장은 한 번 끓여 식힌 후 다시 항아리에 붓고 4~5일이 지난 후부터 꺼내어 먹는다.

남은 간장 활용하기 

게장을 다 먹은 후에 남는 간장은 게의 감칠맛이 베어 나와 맛이 좋으므로 나물을 무칠 때나 밑반찬을 만들 때 양념간장 대용으로 이용한다.

꽃게장

바닷게로 담근 게장은 꽃게장, 민물게로 담근 게장은 참게장이라고 한다. 꽃게장은 참게장과 같이 간장에 담가 오랫동안 두고 먹기도 하지만, 양념장에 재워 바로 먹거나 하루 정도 두어 맛이 골고루 들었을 때 먹는 매운맛의 꽃게장이 인기 있다.

재료 및 분량

꽃게 3마리(1kg)
간장 1/2컵
실파 8뿌리
풋고추 2개

양념

고춧가루 3큰술
다진 마늘 1큰술
다진 생강 1/2큰술
설탕 1큰술
통깨 1/2큰술

【만드는 법】

一 꽃게는 살아 있고 다리가 모두 붙어 있어 묵직한 것을 택하여 솔로 문질러 닦는다.

二 게딱지를 열어 안의 아가미와 모래주머니는 떼어 내고 장은 그릇에 모아 둔 다음 다리의 끝마디를 잘라 낸다.

三 몸통은 반을 갈라 발이 붙은 채로 2~3토막 정도로 나눈 후 간이 배도록 가끔 뒤적이면서 한 시간 정도 간장에 담가 둔다.

四 실파는 4cm 길이로 썰고, 풋고추는 갈라서 씨를 빼고 어슷하게 채 썬다.

五 게를 담가 두었던 간장을 따라 내어 실파와 풋고추, 분량의 양념 재료를 섞어 양념을 만든 다음 토막 낸 꽃게를 넣고 양념이 고루 묻도록 버무린다.

갈치젓

재료 및 분량

갈치 1kg
식염 300g

갈치젓 參考

1년간 숙성시킨 갈치젓은 어레미에 면포를 깔고 액젓만 걸러서 2~3년간 유리병이나 옹기에 보관하면서 갈치젓국으로 이용한다.

갈치젓은 갈치의 전 부위를 염장하여 숙성시킨다. 갈치젓은 2~3개월간 숙성시켜 갈치의 형체가 남아 있는 갈치젓과 1년 이상 숙성시킨 진국 형태(액체)의 갈치젓국 두 가지 종류가 있다. 양념으로 조미한 갈치젓은 반찬으로 이용되고, 짙은 밤색을 띠는 갈치젓국은 김치 담그는 데 주로 이용된다.

싱싱한 갈치는 회갈색을 띠고 쉽게 뼈에서 살이 분리된다.

【만드는 법】

一 갈치는 큰 것은 내장을 제거하고 3~4토막을 내어 물로 신속히 헹군다. 작은 것은 내장까지 통째로 사용한다.

二 손질한 갈치의 배 속이나 아가미에 소금을 뿌려 섞고 항아리에 넣은 다음 윗부분에 1cm 두께로 웃소금을 뿌려 돌로 누르고 2~3개월 정도 서늘한 곳에서 숙성시킨다.

강원도 명태식해

재료 및 분량

반건조 명태 4~5마리(1kg)
고운 고춧가루 2컵
무 450g
좁쌀밥 5컵
엿기름가루 5큰술
소금 3큰술
다진 파 3큰술
다진 마늘 2큰술
다진 생강 2큰술
무청 조금

【만드는 법】

一 명태는 배를 가르고 반을 잘라 사방 2cm 정사각형으로 얇게 썰어 고운 고춧가루로 붉은 물을 들인다.

二 무는 굵게 채 썰어 소금에 절여 두었다가 물기를 꼭 짜 둔다.

三 좁쌀밥은 따뜻할 때 엿기름가루를 뿌리고 소금, 고운 고춧가루, 파, 마늘, 생강을 넣어 버무린다.

四 붉은 명태살과 양념한 좁쌀밥, 무채를 함께 버무려 항아리에 꼭꼭 눌러 담고 위를 무청으로 단단히 봉하여 10일 정도 두었다가 밥알이 삭으면 차게 보관하여 먹는다.

게웃젓_개웃젓, 전복내장젓

게웃젓은 제주도의 향토음식으로, 게웃은 전복의 내장을 이르는 말이다. 대부분은 소라의 내장을 함께 소금으로 절여 만들고 담근 지 일주일이면 먹을 수 있다. 맛이 씁쓸하여 고추, 쪽파, 참기름 등과 함께 무쳐 먹어도 좋다.

재료 및 분량
전복 내장 300g
연한 소금물 적량
소금 60g
쪽파 2~3뿌리
붉은 고추 2개
참기름 조금

【만드는 법】
一 전복은 껍질이 벌어진 곳에서부터 칼을 넣어 내장이 터지지 않도록 조심해서 분리한 다음 연한 소금물에 씻는다.
二 전복 내장을 체에 밭쳐 물기를 뺀 다음 소금을 넣고 살살 버무린 다음 병이나 작은 항아리에 담아 덥지 않은 실온에서 일주일 정도 숙성시킨다.
三 먹을 때는 먹기 좋은 크기로 잘라 참기름으로 버무리고 쪽파와 붉은 고추를 송송 썰어 위에 얹는다.

굴젓

굴젓은 이른 봄이나 가을에 알이 작고 싱싱한 굴을 골라 껍데기를 제거하고 연한 소금물에 씻어 물을 빼고 소금을 넣어 삭혀 만든다. 소금의 농도에 따라 여러 가지 맛으로 만들 수 있는데, 일반적으로 10% 정도의 소금을 넣어 발효시키며 먹을 때 양념을 하여 먹는다. 소금 농도를 15%로 높여 노란색으로 1년간 숙성시킨 굴젓은 별미이며, 참기름 외에는 양념 없이 상에 내는 경우도 있다.

재료 및 분량
생굴(살) 1kg
연한 소금물 적량
소금 100~130g

【만드는 법】
一 생굴은 껍데기를 제거하고 연한 소금물에 살살 씻어 건져서 물기를 뺀다.
二 손질한 굴에 소금을 섞고 냉장고나 어둡고 서늘한 곳에서 1~2주 동안 저염 발효시킨다.

굴젓의 저장기간 

저장기간은 계절에 따라 다르나 일반적으로 1~2개월이며 냉장고에 저장하면 저염 발효시간을 연장시킬 수 있다.

어리굴젓

어리굴젓은 10월에서 3월 사이에 너무 크지 않고 통통한 굴을 골라 담가야 맛이 좋다. 너무 오래 저장하면 물러지고 물만 남으므로 조금씩 만들어 먹어야 하며, 담글 때 찰밥을 갈아서 넣으면 굴의 모양이 흐트러지지 않고 맛도 좋아진다. 먹을 때는 기호에 따라 배나 무를 채 썰어 넣어 버무리기도 한다.

재료 및 분량

생굴 400g
소금물 적량
소금 2큰술
찹쌀(찰밥) 3큰술
고운 고춧가루 3큰술
통깨 조금

【만드는 법】

一 생굴은 껍데기를 제거하고 소금물에 살살 씻어 건진 다음 소금을 뿌려 절인다. 이때 절이면서 생긴 국물은 체에 걸러 받아 둔다.

二 찰밥을 질게 지은 다음 블랜더에 넣고 갈다가 고춧가루와 굴 국물을 넣고 섞는다.

三 찰밥이 빨간 죽처럼 되면 굴을 넣고 살짝 섞어 항아리에 담고 뚜껑을 꼭 덮어 실온에서 이틀 정도 익혔다가 냉장고에 보관한다.

四 먹을 때는 그릇에 담아 통깨를 뿌린다.

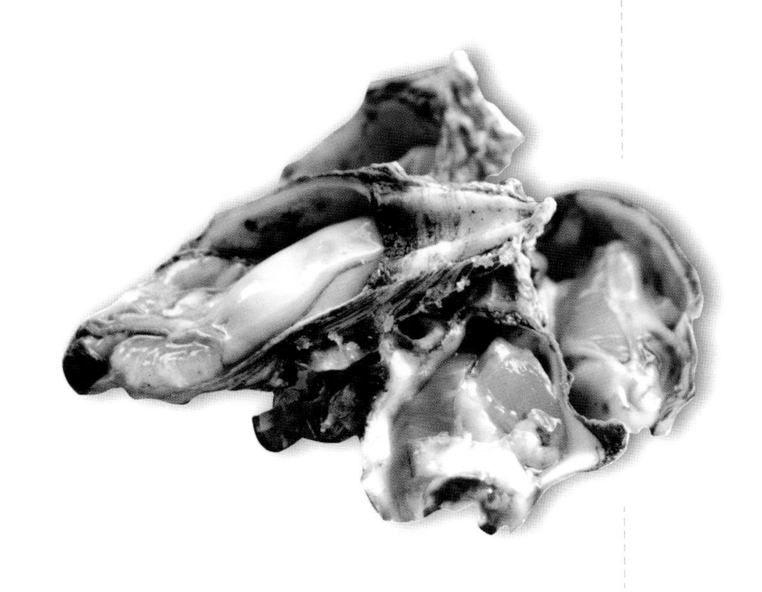

낙지젓

낙지젓은 너무 크거나 굵은 낙지보다는 적당한 크기의 것을 골라 담그는 것이 좋으며, 너무 오랫동안 저장하지 않고 바로 먹는 젓갈류이다.

재료 및 분량

낙지 5마리(400g)
소금 40g
쪽파 3뿌리
풋고추 1개
붉은 고추 2개
고운 고춧가루 4큰술
맛술 1큰술
물엿 2큰술
통깨 1큰술

【만드는 법】

一 낙지는 소금을 뿌려 주물러 씻은 다음 다리는 4~5cm 길이로 썰고, 머리 부분은 내장을 빼고 채로 썰어 다리 부분과 섞어 소금에 절인다.

二 쪽파는 4cm 길이로 자르고, 풋고추와 붉은 고추는 어슷썬다.

三 고운 고춧가루에 맛술을 넣어 축축하게 한 후 낙지에 고루 무쳐 붉은 물을 들이고 쪽파와 고추, 물엿, 통깨를 넣어 양념한다.

낙지젓 參考

기호에 따라 설탕 1큰술 정도를 넣기도 한다.

멍게젓

멍게는 주로 신선할 때 딱딱한 껍질에서 꺼내 바로 초고추장에 찍어 먹는 횟감으로 즐긴다. 멍게를 젓갈로 만들 때는 너무 짜지 않도록 주의하고 횟감으로 먹을 수 있는 상태로 손질한 후 담근다.

【만드는 법】

一 멍게는 살을 갈라 푸른색의 내장을 떼어 내고 소금과 소주를 뿌려 절인 다음 체에 밭쳐 국물을 받아 둔다.

二 실파는 3~4cm 길이로 자르고 청량고추와 붉은 고추는 길이로 잘라 씨를 털어 어슷하게 채 썬다. 마늘은 얇게 편으로 썬다.

三 고운 고춧가루에 멍게 국물을 넣어 축축하게 한 후 멍게살에 고루 묻혀 붉은 물을 들인다.

四 붉게 물들인 멍게에 실파, 고추, 마늘, 조청, 통깨, 후춧가루를 넣어 양념하고 병에 넣어 냉장 보관한다.

재료 및 분량

멍게살 400g
소금 50g
소주 4큰술
실파 4뿌리
청량고추 1개
붉은 고추 2개
마늘 3쪽
고운 고춧가루 3큰술
조청 2큰술
통깨 1/2큰술
후춧가루 조금

명란젓

재료 및 분량
명태알 500g
연한 소금물 적량
소금 70g
고운 고춧가루 2½큰술
다진 마늘 1큰술

추운 겨울에 싱싱한 명태의 굵고 탱글탱글한 알을 모아 담그는 젓갈이다. 시판되는 명란젓은 짜거나 매운 경우가 많으므로 기호에 맞게 가정에서 쉽게 담가 먹으면 좋다.

【만드는 법】

一 탱글탱글한 명태알을 골라 연한 소금물에서 살살 씻어서 채반에 건져 물기를 뺀다.

二 소금, 고운 고춧가루, 다진 마늘을 고루 섞어서 명태알에 고루 바른다.

三 양념 바른 명태알을 작은 항아리나 병에 차곡차곡 담은 다음 맨 위에 양념을 넉넉히 얹고 뚜껑을 덮어 보름 정도 숙성시킨다.

꼴뚜기젓

재료 및 분량
꼴뚜기 1kg
소금물 적량
소금 200g

추위가 누그러진 3~4월에 알이 없는 꼴뚜기를 골라 소금에 절여 삭힌 젓갈이다. 꼴뚜기젓은 무생채와 같이 고춧가루, 마늘 등에 버무려 무채 김치를 담그기도 하고 식초, 깨소금 등을 넣어 무쳐 먹기도 한다.

20% 소금을 가하여 항아리에 넣고 밀봉한 다음 20℃에서 3주간 발효 숙성시키면 차츰 풍미가 좋아진다. 적정 숙성기간은 2개월이며, 저장기간은 3~6개월이다. 먹통을 제거하지 않고 통째로 발효시키기도 하지만 보통은 먹통을 제거하고 만든다.

【만드는 법】

一 꼴뚜기는 껍질이 투명하고 검은 광택이 나는 신선한 것을 골라서 소금물에 흔들어 씻은 후 소쿠리에 건져 물기를 뺀다.

二 물기 빠진 꼴뚜기에 소금을 절반을 넣어 고루 섞고 남은 소금과 함께 작은 항아리나 용기에 켜켜이 넣은 다음 웃소금을 얹고 꼭꼭 눌러서 밀봉하고 서늘한 곳에서 2개월 정도 삭힌다.

三 먹을 때는 꼴뚜기젓을 물에 헹궈 건져 두었다가 뼈, 내장, 먹통을 떼어 내고 채 썰어서 양념을 한다.

밴댕이젓

밴댕이는 몸길이 10cm 정도의 청어목 청어과의 생선이다. 육질이 연하고 은백색이며, 숙성시키면 회갈색의 구수한 액즙이 생긴다. 몸통 두께가 얇아 통째로 염장 숙성시켜 젓갈을 담그며, 주로 양념하여 밑반찬으로 이용한다.

재료 및 분량
밴댕이 1kg
천일염 200~300g

【만드는 법】
一 밴댕이는 물에 재빨리 씻고 소쿠리에 건져서 물기를 뺀다.
二 밴댕이와 천일염을 고루 섞어 항아리에 넣고 1cm 두께로 웃소금을 덮는다.
三 항아리를 밀봉하고 15~20℃의 어두운 그늘에서 6개월 동안 숙성시킨다.

항아리 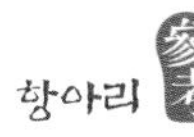

젓갈의 양이 적으면 항아리 대신 PE 필름봉투를 사용해도 좋다.

성게알젓

극피동물에 속하는 성게는 구룡포 포구 남부해안, 강릉 등의 동해안 지역과 제주 전역에서 생산된다. 성게알젓은 성게의 산란철인 늦은 봄에서 여름까지 채취한 진한 오렌지색 또는 황갈색의 성게알을 염장하여 만든 젓갈로, 특유한 향미성분이 있고 비타민 A가 풍부하다. 일반적으로 성게알젓은 20~30% 정도의 소금으로 숙성시키며, 제조방법에 따라 물성게젓, 연성게젓, 나성게젓으로 구분한다. 여기에서는 나성게젓 담그는 방법을 소개한다.

재료 및 분량
성게알 100g
연한 소금물 적량
소금 15~20g
소주 1큰술

【만드는 법】
一 성게알은 대바구니에 담아 연한 소금물로 깨끗이 씻어 물기를 제거한다.
二 알 분량의 15% 소금을 소주에 녹이고 성게알에 섞어 병에 담는다.
三 냉장고에서 숙성시켜 저장하면 1년 정도 두고 먹을 수 있다. 내용물이 삭아서 형체가 없어져도 맛이 좋고, 귀한 젓갈이다.

맛있는 젓갈무침 만들기 

- 풋고추 : 아가미젓, 오징어젓, 창난젓, 조개젓
- 동치미 무채, 배 : 어리굴젓, 오징어젓, 창란젓
- 다진 생강, 파, 마늘 : 거의 모두
- 참기름 : 창난젓, 명란젓, 오징어젓, 아가미젓
- 식초 : 조개젓, 오징어젓

새우젓

맛이 담백하고 비린내가 적어서 가장 널리 이용되는 젓갈로, 반찬의 간을 맞추거나 김치 담글 때 많이 쓰인다. 새우젓은 새우의 어획시기에 따라 이름을 달리 붙이기도 하는데 5월에 잡은 것은 오젓, 6월에 잡은 것은 육젓, 삼복에 잡은 것은 추(秋)젓이라 한다. 이 중 새우가 살이 통통하게 올라 맛이 가장 좋은 철인 6월의 새우를 이용한 육젓을 최상품으로 친다.

재료 및 분량

생새우 1kg
연한 소금물 적량
천일염 150g

【만드는 법】

一 연한 소금물에 새우를 살살 흔들어 씻은 후 소쿠리에 건져 물기를 뺀다.

二 병이나 작은 항아리에 새우와 소금을 켜켜이 담고 웃소금을 고루 덮은 다음, 뚜껑을 덮고 밀봉하여 냉장고 채소 칸에서 2개월 정도 삭힌다.

새우젓 

새우젓은 시중에서 흔히 구입할 수 있지만 최근에는 각 가정에 김치냉장고가 널리 보급되어 있어 냉장고 채소칸에서 쉽게 숙성시킬 수 있으므로 소금을 덜 넣은 저염 새우젓을 담가 먹어도 좋다.

오징어젓

뼈와 내장, 먹통을 제거한 오징어를 소금물로 씻고 잘게 썬 다음 20~25%의 소금을 혼합하고 양념하여 먹는 젓갈이다. 오징어는 껍질이 검고 투명한 것이 신선하다.

【만드는 법】

一 오징어는 몸통을 반으로 갈라서 내장을 빼고 연한 소금물로 깨끗이 씻은 후 물기를 뺀다.

二 물기 뺀 오징어에 소금을 뿌리고 채반에 얹어 서늘한 곳에서 3~4시간 동안 절인 다음 0.6×6cm로 채 썬다.

三 채 썬 오징어에 고운 고춧가루를 넣어 버무린 후 다진 마늘과 다진 생강을 더 넣어 버무리고 소금으로 간한다.

四 오징어젓은 항아리에 담고 서늘한 곳에서 일주일 정도 숙성시킨다.

재료 및 분량

오징어 3마리
연한 소금물 적량
절임용 소금 60g
고운 고춧가루 6큰술
다진 마늘 2큰술
다진 생강 1/2큰술
소금 2큰술

오징어젓 

시판되는 오징어젓의 맛을 내려면 설탕과 글루탐산을 첨가하여 숙성시킨다. 이때 부재료의 비율은 고춧가루 3%, 마늘 2%, 설탕 2%, 글루탐산 1%이다.

전복젓

제주도의 향토음식으로, 살아 있는 전복을 사용한다. 전복살과 전복내장을 함께 담그거나 따로따로 담그기도 하며, 전복 대신에 오분자기를 사용하기도 한다. 전복내장을 섞을 때는 전복살 양의 1/4 정도만 넣는다.

재료 및 분량
전복 200g
소금 10g

【만드는 법】

一 전복은 소금으로 문질러 푸른색을 씻어 내고 숟가락이나 작은 칼을 전복 속으로 밀어 넣고 꾹 눌러 살을 떼어낸 뒤 깨끗이 손질한다.
二 전복살은 0.3mm 두께로 얇게 편으로 썬 뒤 다시 채로 썬다.
三 전복살에 소금을 넣고 버무린 다음 항아리에 담아 5~7일간 숙성시킨다.

전복젓 

맛이 든 전복젓은 청양고추나 고춧가루, 참기름 등을 넣어 무쳐 먹기도 하고, 게우젓을 섞어 간을 맞춘 후 양념을 하기도 한다.

조개젓

조개가 맛이 좋아지는 초여름에 바지락처럼 작고 통통하며 싱싱한 조갯살에 소금을 뿌려 담그는 젓갈이다. 주로 반찬으로 이용되며, 담근 지 3주 정도 지나면 삭아서 조개 특유의 감칠맛이 난다.

재료 및 분량
조갯살 1kg
연한 소금물 적량
소금 150g

양념
다진 풋고추 · 다진 붉은 고추 · 다진 파 · 다진 마늘 · 식초 조금

【만드는 법】

一 조갯살은 연한 소금물에 살살 흔들어서 씻고 채반에 건져 놓는다. 이때 채반에서 떨어지는 국물은 받아 둔다.
二 조갯살에 받아 둔 국물과 소금을 넣어 고루 버무리고 작은 항아리나 병에 넣어 뚜껑을 덮고 서늘한 곳이나 냉장고에서 숙성시킨다.
三 먹을 때는 분량의 양념을 넣고 무쳐서 밥반찬으로 한다.

소라젓

쫄깃한 맛이 일품인 소라젓은 전복내장과 함께 젓을 담그는 경우가 많다.

재료 및 분량
소라살 400g
연한 소금물 적량
전복내장 100g
소금 4큰술

【만드는 법】

一 소라는 망치로 껍데기를 두들기거나 끓는 물에 잠깐 담갔다가 꺼내어 살을 빼낸다.
二 소라살은 푸른색의 내장을 떼어 내고 연한 소금물에 씻은 다음 얇게 3~4등분 하고 전복내장과 소금을 넣어 버무린다.
三 소라젓을 병이나 작은 항아리에 담아 꼭꼭 눌러 담고 실온에서 2~3일 정도 숙성시킨 다음 냉장고에 보관한다.

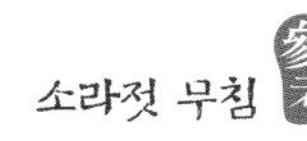

식성에 따라 다진 파, 다진 마늘, 식초, 고춧가루, 통깨를 넣어 무쳐 먹기도 하지만 해물 고유의 풍미를 즐기려면 양념하지 않고 그대로 먹는다.

조기젓

재료 및 분량
생조기 50마리(10kg)
천일염 1.5~2kg
소금물(호렴 400g+물 4L)

조기젓은 5~6월 담가서 가을에 먹기 알맞고 김장에 많이 쓰인다. 싱싱한 조기를 비늘이 있는 채로 소금에 절여 담근 후 잘 삭아진 젓국은 김치에 넣고 살을 잘게 썰어 보쌈김치에 넣거나 갖은 양념을 하여 반찬으로 사용한다. 보통 20~30cm 크기의 굵은 조기는 굴비를 만들고, 조기젓에는 10~15cm의 잔 조기가 쓰인다.

【만드는 법】

一 조기는 통째로 소금물에 씻어 건져 놓는다.

二 물기가 빠진 조기는 아가미와 입을 벌려 소금을 채우고 항아리에 소금과 켜켜이 담는다.

三 항아리에 1cm 두께로 웃소금을 고루 덮고 무거운 돌로 눌러 뜨지 않도록 한다.

四 소금물을 끓여 식힌 후 조기가 자박자박하게 잠기도록 항아리에 붓고 밀봉하여 서늘한 곳에서 숙성시킨다.

창난젓

재료 및 분량
창난 500g
연한 소금물 적량
소금 70g
고운 고춧가루 3큰술
마늘채 1큰술
생강채 1큰술

양념
다진 파 · 참기름 · 깨소금 적량

창난젓 參考

소금에 절인 창난을 구입하여 담가도 좋으며, 너무 짜면 물에 잠시 담갔다가 사용한다.

창난젓은 명태의 창자를 소금에 절였다가 고춧가루, 다진 파, 마늘을 넉넉히 넣고 무쳐서 담그는 젓갈로, 씹는 맛이 좋아 많은 사람이 즐겨 찾는다.

【만드는 법】

一 창난은 연한 소금물에 씻어 채반에 건져 물기를 빼고 5cm 길이로 썬다. 둥근 주머니는 갈라서 채 썰어 소금을 뿌려 절이고 채반에 건져 물기를 뺀다.

二 손질하여 절인 창난은 고운 고춧가루로 버무린 후 마늘채와 생강채를 섞고 작은 항아리에 차곡차곡 담아 서늘한 곳에서 보름 동안 숙성시킨다.

三 먹을 때는 다진 파, 참기름, 깨소금 등으로 무쳐서 반찬으로 이용한다.

멸치젓

생멸치가 나는 봄철에 10~20cm 길이의 멸치로 젓을 담근다.

【만드는 법】

一 생멸치는 물로 깨끗이 씻고 소쿠리에 건져 물기를 뺀 다음 천일염을 고루 섞는다.

二 멸치를 병이나 항아리에 꼭꼭 눌러 담고, 두께 1cm 정도의 웃소금을 고루 펴서 덮는다.

三 항아리 입구를 포장 P.E로 밀봉하고 15~20℃의 어두운 곳에서 3개월 이상 숙성시킨다.

재료 및 분량

생멸치 1짝(10~15kg)
천일염 1.5~2kg
웃소금(호렴) 1kg

멸치젓 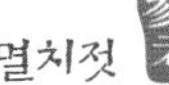

멸치젓은 위에 기름이 뜨고 멸치 살과 뼈가 잘 분리되어야 알맞게 숙성된 것이다. 오래 두면 기름이 쩔고 위쪽 젓갈의 맛이 변하므로 1년 이상 보관한 멸치젓은 블랜더에 갈아 여과하여 김치 담글 때나 기타 조미료로 사용한다.

제5장

장아찌·장과

제5장
장아찌 · 장과

장아찌는 제철에 나는 여러 가지 채소를 간장, 된장이나 막장, 고추장 등에 넣고 삭혀서 장기간 저장하는 밑반찬의 하나로, 옛말로 '장과(醬瓜)'라 하기도 하고 장(醬)에 담그는 것이라 하여 '장지(醬菹)'라고도 했다. 각종 재료를 장류에 담가 침장액의 삼투와 효소 작용을 이용해 독특한 풍미를 가지도록 만든 저장발효음식이며, 상차림에 요긴하게 이용되어 오던 전통식품에 속한다.

장아찌에 이용되는 채소는 무, 오이, 도라지, 더덕, 마늘, 가지, 배추, 깻잎, 오이, 마늘종, 무말랭이, 콩잎, 미나리, 고춧잎, 달래, 파, 산초, 고추 등이다. 채소뿐만 아니라 굴비, 전복과 같은 어패류와 김, 파래 등의 해조류를 이용하여 장아찌를 만들기도 한다.

장아찌는 여러 가지 재료를 소금에 절여 담그기도 하고 젓갈, 술지게미, 장류 속에 넣어 삭혀 만들기도 한다. 보통은 오랜 기간 저장하여 숙성시키지만 소금이나 간장에 절인 뒤 익혀서 빠르게 먹을 수 있는 숙장과(갑장과)도 있다.

장류에 저장되어 있던 장아찌를 먹기 전에는 설탕, 참기름, 깨소금 등으로 조미하여 맛을 더 내기도 하고, 더운 여름철에는 조미하지 않고 깔끔한 맛 그대로 썰어 내기도 한다.

(1) 장아찌의 기록

우리나라는 농사를 짓기 시작한 상고시대부터 삼국시대, 고려시대에 이르기까지 계절에 따라 작황이 달랐고 장류, 술, 젓갈, 저(菹) 등의 발효식품이 발달하면서 저장식품의 필요가 절실해졌다. 이를 미루어 볼 때 채소를 소금에 절이고 건조시킨 저장법은 비철을 대비한 식용 식품으로 오래전부터 이용했을 것이라고 짐작할 수 있다.

장아찌의 기록은 고려 중엽 이규보(1168~1241)가 지은 《동국이상국집》(東國李相國集, 1241)의 시(詩) '가포육영(家圃六泳)' 에서 외(瓜), 가지(茄), 순무(菁), 파(葱), 아욱(葵), 박(瓠) 등의 채소를 소금에 절여 겨울철에 대비하고, 무청을 장 속에 박아 넣어 여름철에 먹는다고 표현하여 옛 김치나 장아찌에 대해 말한 것임을 알 수 있다. 이 기록으로 보아 장아찌는 이미 기록 이전부터 이용되고 있었다고 추측할 수 있다.

조선 초기의 문헌인 농가집성으로 《사시찬요초》(四時纂要抄, 1655)의 내용 중에는 8월과 9월에 먹는 오이장아찌(沈瓜菹), 가지장아찌(沈汁菹)에 대한 내용이 있고, 1670년경 한글로 쓰인 《음식디미방》(飮食知味方, 일명 규곤시의방)에는 '생치짠지법' 에 대한 설명이 있다. 여기서 말하는 '생치지' 는 오이지를 이용한 짠지로 생각된다.

조선 중기 《증보산림경제》(增補山林經濟, 1766)에는 반찬 만들기(治膳) 세목 중 채소의 여러 제품, 즉 가지(茄子), 동아(冬瓜), 배추(菘), 오이(黃苽), 무, 순무, 부추, 파 등을 소금, 식초, 장에 섞어 만든 장아찌류가 많이 기재되어 있다. 기존의 소금 외에도 이 책에는 여러 가지 침장법과 식초 만드는 법, 술 만드는 법도 상세히 기록되어 있어 장아찌의 절임원도 아주 다양해졌음을 알 수 있다.

조선시대 후기 일상 가정생활에 필요한 지식을 수록한 책인 《규합총서》(閨閤叢書, 1815)의 〈주식의〉(酒食議) 중 금지이법(汁醬)에는 가지, 오이, 동과, 풋고추를 소금에 절여 장이 들어 있는 항아리에 넣어 곰삭게 만드는 방법이 실려 있는데, 이때 오이는 통으로, 가지는 꼭지만 떼고, 동과는 긁어서 절여서 콩 · 보리가 들어간 장에 담근다고 설명하고 있다. 이는 소금 이외에 곡물이 들어간 장도 장아찌에 이용되었음을 알려 준다.

1800년 말엽의 《시의전서》(是議全書)에는 미나리, 배추속대, 고춧잎, 가지 등의 장아찌가 기록되어 있다.

서유구의 《임원십육지》(林園十六志, 1827)는 농촌 가정생활을 기록한 방대한 저서로서, 식품류가 매우 많아졌고 장아찌도 소금에 절인 것 외에 된장에 박은 것도 설명되어 있으며, 엄장저(醃醬菹)와 자채(鮓菜) 등 김치무리 같은 장아찌도 많이 소개되어 있다.

방신영의 《조선요리법》(1917)에는 무짠지, 장짠지, 젓국지 등이 설명되어 있고, 《조선요리제법》(1942)에서는 장아찌 종류로 무, 전복, 토란, 열무, 무말랭이, 파, 감자, 고춧잎, 홍합, 풋고추와 술 장아찌, 두부, 미나리, 머위, 감자, 마늘 등 그 수와 식품 종류가 상당히 증가했음을 알 수 있다.

《우리 음식》(1948)에서는 장아찌 종류로 파, 고춧잎, 우엉, 씀바귀, 달래, 풋고추, 오이, 마늘종, 마늘잎, 마늘, 가지 등의 채소요리가 소개되어 있고 간장, 된장, 고추장을 이용한 것으로 최근에도 흔히 볼 수 있는 장아찌를 소개하고 있다. 《조선요리법》(1949)은 사대부 반가 출신인 조자호 선생이 쓴 책으로, 장아찌류에 무, 오이, 오이통, 달래, 마늘, 배추꼬리, 고추, 장산적, 전복초, 홍합초를 이용한 것을 소개하고 있다.

《이조궁중요리통고》(1957)에서는 채소, 버섯, 해조류로 만드는 요리 중에서 배추속대, 미나리, 무, 열무, 오이, 마늘 같은 것을 소금에 절이거나 햇볕에 말려서 물기를 빼고 쇠고기와 함께 볶아서 만든 장과와 식초, 소금, 설탕, 간장 등을 이용하여 한 달 정도 숙성시킨 후에 먹을 수 있는 장과도 있다.

(2) 월별 장아찌

월	간 장	된 장	고추장	멸치젓	기 타
1월	무, 다시마, 호두	무	무		
2월	두부	동치미	동치미, 김		
3월	김, 쪽파	죽순, 동치미무, 김	조기		
4월	풋마늘, 마늘종, 마늘, 산초, 무릇, 조리잎, 달래	마늘종, 더덕, 참죽, 풋마늘	미역귀, 더덕, 마늘종, 마늘풋대, 살구	오징어, 풋고추	달래, 참죽, 무릇, 조리잎
5월	꽃게장, 마늘대, 산초, 마늘, 버섯, 산마늘, 양파	더덕	더덕, 북어	풋고추	
6월	풋고추, 양파	매실, 풋고추	감잎, 수박, 매실	홍합	
7월	깻잎, 풋고추, 오이, 오이지, 차조기	깻잎, 풋고추, 오이	감, 오이, 노각	깻잎	
8월	풋고추, 오이	양파, 가지, 깻잎, 참외	복숭아, 오이, 노각, 수박, 게 다리		감잎, 노각, 수박, 게 다리
9월	오이, 가지, 토란대	감, 오이, 가지, 참외	참외, 송이		
10월	고들빼기, 참게장, 무, 배추, 우엉, 고춧잎, 토란대, 호박, 배추꼬리, 버섯	우엉, 콩잎, 무	북어, 무, 무말랭이, 배춧잎, 무청	콩잎	배추꼬리
11월	김, 무청, 도토리묵, 배춧잎속대, 전복, 굴, 무말랭이, 배추꼬리	동아, 무	전복, 우무, 굴비, 묵, 파래		
12월	무말랭이, 외장아찌, 작은 오이	홍합	명태		

가지장아찌

【만드는 법】

一 가지는 연하고 가는 것으로 골라 7cm 정도로 토막 내 한쪽 끝이 붙어 있도록 길이로 칼집을 넣어 병이나 그릇에 나란히 담는다.

二 분량의 재료를 냄비에 넣고 한소끔 끓여 양념절임물을 만들어 식힌 뒤 가지에 붓고 뜨지 않도록 눌러 담아 뚜껑을 덮어 서늘한 곳에서 숙성시킨다.

재료 및 분량

가지 4개

양념절임물

물 2/3컵
간장 1/3컵
식초 1/3컵
설탕 1/3컵
오미자청 1/3컵

가지통장아찌

【만드는 법】

一 가지는 2등분 하여 양끝을 1cm 정도 남기고 길이로 3~4군데 칼집을 넣어 끓는 물에 살짝 데쳤다가 찬물에 담가 물기를 짠다.

二 대파와 마늘은 2cm 길이로 가늘게 채 썰고 실고추는 2cm로 잘라 간장, 설탕, 소주, 통깨와 함께 섞어 양념을 만든다.

三 칼집 낸 가지에 양념을 골고루 집어넣고 간장에 잠기도록 꼭꼭 눌러 담고 뚜껑을 덮어 저장한다.

재료 및 분량

가지 4개

양념

대파 1뿌리
마늘 3쪽
간장 1/2컵
설탕 3큰술
소주 1큰술
통깨 1작은술
실고추 조금

굴비장아찌

살이 쫄깃하며 떫은맛이 없는 굴비장아찌는 입맛이 없을 때 찢어서 밥 위에 얹어 먹으면 입맛을 돋울 수 있는 별미음식이다.

【만드는 법】

一 굴비는 비늘을 긁고 아가미로 내장을 빼 손질한 다음 물에 재빨리 씻어 채반에 겹치지 않도록 건져 햇볕에 꾸덕꾸덕하게 말린다.

二 냄비에 고추장, 물엿, 진간장을 먼저 넣고 끓여 식힌 다음 다진 마늘을 섞어 양념장을 만든다.

三 항아리에 말린 굴비와 양념장을 켜켜이 담고 뚜껑을 덮어 2개월 동안 숙성시킨다.

四 먹을 때는 굴비를 1cm 길이로 잘게 썬 다음, 참기름, 통깨로 양념한다.

재료 및 분량

굴비 10마리
참기름 · 통깨 조금

양념장

고추장 4컵
물엿 1컵
진간장 1/2컵
다진 마늘 조금

콩잎장아찌_콩잎김치

경상북도의 향토김치이다. 양념에 파를 넣지 않고 만들기 때문에 진이 나지 않고 쉽게 무르지 않는다.

【만드는 법】

一 단풍 든 콩잎을 항아리에 넣고 소금물을 부어 2~3주 정도 삭힌다.

二 삭힌 콩잎을 깨끗이 씻어 한 장씩 물기를 닦고 3~4장씩 묶음으로 만든다.

三 멸치젓을 달이고 식힌 후 맑은 액만 받아서 다진 마늘, 다진 생강, 고춧가루, 간장을 섞어 양념장을 만든다. 이때 간장 대신 소금을 넣으면 양념장의 색이 검지 않게 된다.

四 묶은 콩잎을 양념장에 적셔 항아리에 차곡차곡 담고 돌로 눌러서 간이 들도록 숙성시킨다.

재료 및 분량

콩잎 100장
절임용 소금물(소금 1/2컵+물 5컵)

양념장

멸치젓 1/2컵
다진 마늘 80g
다진 생강 10g
고춧가루 1/3컵
간장 또는 소금 조금

양념장 깻잎장아찌

양념장 깻잎장아찌

【만드는 법】

一 깻잎을 여러 장씩 묶음으로 만들어 소금물에 노랗게 삭힌 뒤 채반에 건져 물기를 뺀다.

二 분량의 재료를 섞어 양념장을 만들고 삭힌 깻잎에 켜켜이 발라 통에 눌러 담는다.

三 먹을 때는 조금씩 꺼내어 그대로 먹거나 쪄서 먹는다.

재료 및 분량

깻잎 100장
절임용 소금물 적량

양념장

채 썬 대파 1/2뿌리
간장 4큰술
설탕 2큰술
참기름 2큰술
통깨 1큰술
실고추 조금

된장맛 깻잎장아찌

【만드는 법】

一 깻잎은 씻어 차곡차곡 포갠 후 물기를 털어 작은 항아리에 담는다.

二 깻잎이 보이지 않을 정도로 된장을 고루 펴 담고 그 위에 물엿을 부어 된장이 잘 스며들게 한 다음 일주일 동안 숙성시킨다.

재료 및 분량

깻잎 100장
된장 2컵
물엿 1/4컵

삭힌 깻잎장아찌

【만드는 법】

一 깻잎을 10장씩 묶음으로 만들어 소금물에 노랗게 삭힌 뒤 채반에 건져 물기를 뺀다.

二 삭힌 깻잎은 간장을 붓거나 된장에 박는다.

재료 및 분량

깻잎 50장
절임용 소금물 3컵
간장 또는 된장 1컵

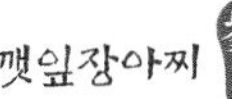
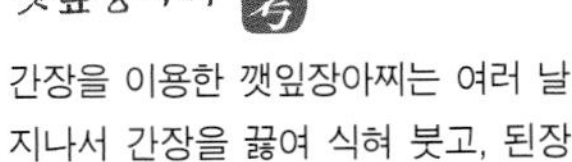

깻잎장아찌 參考

간장을 이용한 깻잎장아찌는 여러 날 지나서 간장을 끓여 식혀 붓고, 된장을 이용한 것은 양념하여 쪄 먹는다.

짠맛 깻잎장아찌

재료 및 분량
깻잎 40장

양념장
채 썬 대파 1/5뿌리
진간장 4큰술
고춧가루 1큰술
다진 마늘 1큰술
설탕 1큰술 또는 물엿 2큰술
액젓 1작은술
참기름 1/2작은술
실고추 · 통깨 조금

【만드는 법】
一 깻잎은 깨끗이 씻은 후 물기를 없앤다.
二 분량의 재료를 모두 섞어 양념장을 만든다.
三 씻어 놓은 깻잎을 2~3장씩 포개어 놓고 양념장을 켜켜이 끼얹는다.
四 양념장이 잘 배도록 위를 꾹꾹 눌러 3~4일 동안 숙성시킨다.

어린이용 깻잎장아찌

재료 및 분량
깻잎 40장

양념장
간장 4큰술
액젓 2큰술
맛술 2큰술
다시물 2큰술
설탕 1/2컵

여러 가지 양념 없이 담그는 장아찌이므로 어린이들이 즐겨 먹을 수 있다.

【만드는 법】
一 깻잎은 씻어 물기를 털고 차곡차곡 쌓아 그릇에 담는다.
二 분량의 재료를 냄비에 넣고 한소끔 끓인 뒤 식혀서 양념장을 만든다.
三 깻잎에 양념장을 고루 뿌려 꾹꾹 눌러 담고 뚜껑을 덮어 3~4주 정도 숙성시킨다.

곰취장아찌

【만드는 법】

一 곰취는 씻어서 물기를 털고 진간장과 집간장을 섞어 곰취를 잠시 담가 둔다.

二 곰취만 건져 항아리에 담고 그 위에 남은 간장을 붓고 하루 정도 둔다.

三 다음날 간장을 따라 내어 끓였다가 식혀서 붓기를 두 번 반복하고, 며칠 후 세 번째 과정에서는 간장에 조청과 소주를 넣고 끓여서 붓는다.

재료 및 분량

곰취 400g
진간장 1½컵
집간장(청장) 1/2컵
조청(쌀엿) 4큰술
소주 3큰술

감장아찌

감이 많이 나는 가을철에 약간 덜 익은 감을 이용한 장아찌이다. 감을 소금물에 절였다가 말린 뒤 고추장에 담가 2~3개월 숙성시켜 먹는데, 6~7개월 정도 저장할 수 있다.

【만드는 법】

一 감은 꼭지를 떼고 큰 것은 반으로 가른 뒤 씨를 뺀다. 손질한 감은 소금물에 일주일 동안 절여 두었다가 채반에 건져 햇볕에 꾸덕꾸덕하게 말린다.

二 항아리에 말린 감과 고추장을 켜켜이 담고 감이 보이지 않도록 고추장으로 위를 덮은 뒤 2~3개월 동안 숙성시킨다.

三 감에 간이 배어 색이 진해지고 쪼글쪼글해지면 얇게 썰어 식성에 맞게 참기름, 설탕, 깨소금 등으로 양념하여 먹는다.

재료 및 분량

감(中) 20개(2.5~3kg)
절임용 소금물(소금 200g+물 1L)
고추장 5컵

양념

참기름 · 설탕 · 깨소금 조금

감장아찌용 고추장 

고추장은 묵은 고추장이나 시중에서 구입한 것 중 어느 것을 써도 무방하다.

김장아찌

【만드는 법】

一 김은 가로세로 3×4cm 크기로 썬다.

二 밤과 생강은 껍질을 벗기고 곱게 채 썬다.

三 진간장과 물엿을 냄비에 넣고 끓여 식힌 다음 밤, 생강, 고추장, 통깨를 넣어 양념장을 만든다.

四 김 3~4장마다 한 번씩 양념장을 켜켜이 발라 재운다.

재료 및 분량

김 20장

양념장

밤 4개

생강 1톨

진간장 1/2컵

물엿 1/2컵

고추장 1큰술

통깨 조금

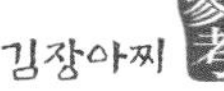

김장아찌 參考

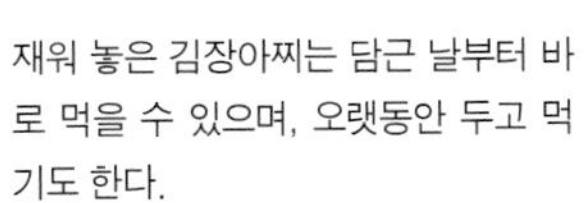

재워 놓은 김장아찌는 담근 날부터 바로 먹을 수 있으며, 오랫동안 두고 먹기도 한다.

감식초 김장아찌

재료 및 분량

김 15장

양념장

진간장 1/2컵

물엿 1/2컵

맛술 1/2컵

고추장 1큰술

설탕 · 감식초 조금

【만드는 법】

一 김은 가위로 매우 가늘게 잘라 골고루 뒤섞어 둔다.

二 분량의 재료를 섞어서 한소끔 끓여 양념장을 만든다.

三 양념장이 따뜻할 때 잘게 썰어 놓은 김을 넣고 저어 고루 간이 배도록 한 후 병이나 작은 그릇에 담아 두고 먹는다.

노각장아찌

재료 및 분량

노각 5개

절임용 소금물(소금 80g+물 3컵)

양념장

고추씨 1컵

술지게미 10컵

치자 우린 물 1/2컵

(치자 1개+물 1/2컵)

막걸리 2큰술

소금 1/2컵

【만드는 법】

一 노각은 껍질을 벗기고 반으로 갈라 씨를 긁어낸 뒤 소금물에 넣고 이틀 동안 절여 두었다가 꺼내어 물기를 닦고 햇볕에 꾸덕꾸덕하게 말린다.

二 고추씨는 블랜더에 곱게 갈아 술지게미, 치자 우린 물, 막걸리를 섞고 소금으로 간을 하여 양념장을 만든다.

三 항아리에 골고루 말린 노각과 양념장을 켜켜이 담고 뚜껑을 덮어 시원하고 그늘진 곳에서 6개월 정도 숙성시킨다.

四 먹을 때는 노각장아찌를 물로 씻은 다음 얇게 썰어 낸다.

당귀잎장아찌

【만드는 법】

一 당귀잎은 깨끗이 씻어 물기를 턴다.

二 냄비에 진간장, 집간장, 물, 다시마를 넣고 한소끔 끓으면 설탕과 청주를 넣어 양념절임물을 만든다.

三 당귀잎에 끓인 양념절임물을 부어 숙성시킨다.

재료 및 분량

당귀잎 200g

양념절임물

진간장 3/4컵

집간장 3/4컵

물 2큰술~1/2컵

다시마(50cm) 1장

설탕 1/2컵

청주 2큰술

양념절임물 만들기 

1컵의 물에 다시마를 넣어 불리면서 끓이다가 물이 1/2컵으로 줄어들면 나머지 재료를 함께 넣어 끓인다.

시소장아찌

시소의 향을 살리고 저장식품으로 즐기기 위해서 지나친 양념은 넣지 않는 것이 좋다.

【만드는 법】

一 시소잎을 씻어 물기를 털어 내고 차곡차곡 쌓아 병에 넣는다.

二 분량의 재료를 모두 냄비에 넣고 설탕이 녹을 정도로 한소끔 끓여 식혀 양념절임물을 만든다.

三 시소잎에 양념절임물을 붓고 꼭꼭 눌러 뜨지 않도록 하고 뚜껑을 덮어 3주 정도 숙성시킨다.

재료 및 분량

시소잎 40장

양념절임물

설탕 1/2컵

간장 4큰술

액젓 2큰술

맛술 2큰술

식초 2큰술

더덕장아찌

【만드는 법】

一 더덕은 껍질을 벗기고 소금물에 하루 정도 담가 진과 쓴물을 뺀다. 대파는 3cm 길이로 채 썬다.

二 쓴물이 빠진 더덕은 2등분 하여 방망이로 자근자근 두드려 부드럽게 만든 다음 굵은 것은 반으로 저민다.

三 고추장에 더덕을 담가 무거운 돌로 꾹꾹 눌러 둔다.

四 너무 오랫동안 두면 더덕이 삭으므로, 10일 정도 지나 더덕에 붉은 물이 들고 감칠맛이 나면 고추장을 훑어 낸다.

五 절인 더덕은 먹기 좋은 크기로 찢어 대파와 분량의 양념을 넣고 무친다.

재료 및 분량

더덕 100g
소금물(소금 2큰술+물 2컵)
고추장 1/2컵
대파 3cm 1토막

양념

물엿 2큰술
고춧가루 2작은술
고추장 1작은술
설탕 1작은술
다진 마늘 1작은술
액젓 1작은술
참기름 1/2작은술
통깨 1/2작은술

고춧가루 더덕장아찌

재료 및 분량

더덕 1kg
소금물(소금 100g+물 1L)
고운 고춧가루 1컵

양념
대파(썬 것) 3뿌리
물엿 1컵
설탕 1/4컵
다진 마늘 3큰술
참기름 2큰술
통깨 2큰술
후춧가루 1작은술

더덕장아찌를 담글 때 고운 고춧가루를 푼 소금물에 더덕을 담갔다가 맛을 숙성시켜 양념을 무치면 색이 매우 빨갛게 되어 구미를 돋운다.

【만드는 법】

一 더덕은 흙을 씻어 낸 후 석쇠에 올려 겉만 살짝 익히고 작은 칼로 껍질을 돌려가며 벗긴다.
二 껍질 벗긴 더덕은 굵은 것을 골라 반으로 가르고 방망이로 자근자근 두드려 부드럽게 만든다.
三 소금물에 고운 고춧가루를 풀고 손질한 더덕을 담가 붉은 물을 들이고 2~3개월 정도 숙성시킨다.
四 먹을 때는 잘게 찢은 후 분량의 양념으로 무친다.

고추장 더덕장아찌

재료 및 분량

더덕 1kg
고추장 1kg

고추장에 묻어 두는 경우가 가장 많은데 1년 이상 너무 오래 두면 삭아서 먹을 것이 없게도 된다.

【만드는 법】

一 더덕은 껍질을 벗기고 자근자근 두드려 부드럽게 만든 후 고추장에 묻어 2~4개월 동안 숙성시킨다.
二 먹을 때는 더덕의 고추장을 훑어 내고 잘게 찢어 기호에 알맞게 양념한다.

도라지장아찌

도라지는 10~11월에 나온 것으로 만든 것이 가장 맛이 좋다. 생도라지를 그대로 사용하여 장아찌를 만들기도 하지만 연하게 먹기 위해서는 끓는 소금물에 데쳐서 장아찌를 담글 수도 있다.

【만드는 법】

一 중간 크기의 도라지를 골라 깨끗이 씻어 껍질을 벗기고 2~4등분 하여 가른 뒤 끓는 소금물에 살짝 데쳐 행주로 닦아 물기를 없앤다.

二 냄비에 분량의 재료를 넣고 끓여 양념절임물을 만들어 식혀 놓는다.

三 데친 더덕을 항아리에 담고 돌로 누른 다음 양념절임물을 붓는다. 3~4일 뒤 국물을 따라 내어 끓인 다음 식혀서 다시 붓기를 3회 정도 반복한다.

재료 및 분량

도라지 600g

소금물 적량

양념절임물

물 3컵

간장 2컵

소금 1큰술

기호에 따라 

먹을 때는 기호에 따라 설탕과 식초를 넣어 무치기도 하고 참기름, 깨소금으로 무치기도 한다.

마늘장아찌

껍질이 얇은 6쪽 마늘을 소금물에 담가 매운맛을 뺀 뒤 식초물을 붓고 숙성시킨 장아찌이다. 한번에 다량으로 만들기 때문에 경제적이며, 오래 둘수록 맛이 순해져 먹기 좋아진다.

재료 및 분량
6쪽 마늘 25통
물 6컵
식초 3컵
소금 1/3컵

양념절임물
식초 2컵
물 2컵
설탕 2½컵
간장 1½컵
소금 5큰술

【만드는 법】

一 마늘은 얇은 속껍질 한 겹만 남기고 겉껍질을 모두 벗긴다.
二 손질한 마늘을 항아리에 담고 물과 식초를 섞어 마늘이 자작하게 잠길 정도로 붓고 일주일이나 열흘이 지나 매운맛이 없어지면 마늘을 건진다. 이때 식초물을 받아서 분량의 양념절임물 재료를 함께 넣고 팔팔 끓여 식혀 둔다.
三 건진 마늘을 항아리에 담고 뜨지 않도록 돌로 눌러 놓은 후 끓여 식힌 양념절임물을 붓는다.
四 일주일 정도 지난 후 국물을 따라 내고 다시 끓여서 식힌 후 항아리에 붓는 과정을 3회 정도 반복하고 한 달 정도 숙성시킨다.
五 먹을 때는 마늘을 일일이 쪼개지 말고 통째 편으로 썰어 단면이 보이도록 한다.

흰색 마늘장아찌

마늘을 새콤하면서도 단맛이 나도록 간장을 넣지 않고 희게 담근 장아찌로, 매운 생마늘 대신 이용하면 좋다.

재료 및 분량
마늘 50통
절임용 소금물(소금 1컵+물 10컵)

양념절임물
물 5컵
식초 2컵
설탕 2컵
소금 2/3컵

【만드는 법】

一 마늘은 얇은 속껍질 한 겹만 남기고 겉껍질을 모두 벗긴 다음 소금물에 일주일 정도 담가 삭힌다.
二 삭힌 마늘을 건져 물기를 빼고 병이나 항아리에 차곡차곡 담는다.
三 냄비에 분량의 재료를 넣고 끓여서 양념절임물을 만들어 식힌 후 항아리에 붓고 마늘이 떠오르지 않도록 돌이나 접시로 눌러 둔다.
四 10일 정도 지나면 국물을 따라 내어 끓여서 다시 붓고 2개월 정도 숙성시킨다.
五 먹을 때는 끝을 잘라 내고 단면이 보이도록 썰고 3등분 한다.

마늘종장아찌

재료 및 분량

마늘종 500g
절임용 소금물(소금 2/3컵+물 3컵)
고추장 1kg

양념(100g 기준)
고춧가루 1/2큰술
설탕 2/3큰술
물 1/2큰술
참기름 1작은술
통깨 1/2작은술

굵고 연하며 길이가 긴 마늘종을 한 묶음씩 나누어서 소금물에 삭힌 후에 색이 노랗게 변하고 둥글게 잘 말릴 정도로 연해지면 고추장에 박아 맛을 들인다. 매우 흔하게 만들어 먹어 온 전통저장음식이다.

【만드는 법】

一 마늘종은 소금물에 담가 밀폐용기에 넣고 한 달 동안 서늘한 곳에서 삭힌다.
二 마늘종이 노르스름해지면 체에 밭쳐 물기를 빼고 고추장에 푹 잠기도록 넣어 놓는다.
三 다시 한 달이 지난 뒤에 꺼내어 고추장을 훑어 내고 4cm 길이로 썰어 놓는다.
四 먹을 때는 분량의 양념을 한다.

간장 마늘종장아찌

쉽고 간단하게 소량으로 만들어 먹을 수 있는 장아찌에 속한다. 마늘종을 미리 잘라 담그기 때문에 맛이 들었을 때 쉽게 꺼내어 그릇에 담을 수 있다.

재료 및 분량

마늘종 500g

양념절임물

간장 2컵

식초 1컵

맛술 1/2컵

설탕 1/2컵

【만드는 법】

一 마늘종은 4~5cm 길이로 잘라 항아리에 담는다.

二 냄비에 분량의 재료를 넣고 끓여 양념절임물을 만든 후 식혀 놓는다.

三 마늘종이 담긴 항아리에 양념절임물을 붓고 마늘종이 뜨지 않도록 돌로 눌러 2주 동안 숙성시킨다.

풋마늘대장아찌

통마늘장아찌를 담그기 전에 아직 질겨지지 않은 풋마늘대를 이용하여 담그는 장아찌이다. 삼겹살이나 수육에 곁들이면 고기의 느끼함을 없애 주며 소화도 잘 된다. 담근 지 보름 정도 지나면 먹을 수 있으며 일년 내내 두고 먹기도 한다.

【만드는 법】

一 풋마늘대는 겉잎을 벗기고 깨끗이 손질하여 7~8cm 길이로 잘라 놓는다.

二 물에 식초를 섞고 소금으로 간을 하여 양념절임물을 만들고, 손질한 풋마늘대를 담가 일주일 동안 삭힌다.

三 분량의 재료를 냄비에 넣고 한소끔 끓여 간장물을 만들어 식혀 둔다.

四 색이 노랗게 절여진 풋마늘대는 국물을 따라 버리고 건져 병에 차곡차곡 담고 미리 준비한 간장물을 부은 다음 뜨지 않도록 돌로 눌러 보관한다.

재료 및 분량

풋마늘대 500g

양념절임물

물 10컵

식초 2컵

소금 1컵

간장물

물 3컵

간장 1컵

식초 1컵

설탕 1/2컵

모둠버섯장아찌

굵기가 비슷한 여러 가지 버섯을 함께 담가 먹을 수 있는 장아찌로, 버섯의 특유의 향과 감칠맛이 일품이다. 굵기가 가는 버섯류는 쉽게 물러지므로 장아찌로 이용하지 않는 편이 좋다.

【만드는 법】

一 말린 표고버섯은 물에 불렸다가 2~3cm 길이로 썬다. 이때 버섯 불린 물 1컵을 받아 둔다.

二 새송이버섯, 느타리버섯은 먹기 좋은 크기로 썰어 끓는 소금물에 살짝 데쳐 건져 놓는다.

三 냄비에 분량의 재료를 넣고 10분 정도 끓여 장아찌 양념절임물을 만들어 식혀 둔다.

四 손질한 버섯을 모두 병에 담고 양념절임물을 붓는다. 버섯이 뜨지 않도록 위를 무거운 것으로 누르고 15일 정도 냉장 보관한다.

재료 및 분량

말린 표고버섯 30g
새송이버섯 200g
느타리버섯 200g
소금물 적량

양념절임물

북어 50g
다시마 1장(10×12cm)
물 2컵
표고버섯 불린 물 1컵
간장 1/2컵
멸치액젓 2큰술
설탕 2큰술
소금 1큰술
생강즙 1/2작은술

모둠채소장아찌

재료 및 분량

배추 20장
무 1개
절임용 소금물 적량
풋고추 10개
마늘 5통

양념절임물

물 5컵
간장 2컵
식초 2컵
설탕 2컵
마른 고추
생강편

여러 가지 채소와 열매를 한데 넣어 만드는 장아찌로, 냉장고에 남아 있는 채소를 이용하기에 유용한 방법이다.

【만드는 법】

一 분량의 재료를 냄비에 넣고 끓여 양념절임물을 만들어 식혀 둔다.

二 여러 가지 채소는 먹기 좋은 크기로 썰고, 수분이 많은 배추와 무만 소금물에 살짝 절였다가 물기를 제거한다.

三 손질한 채소를 병에 담고 양념절임물을 부은 다음 뜨지 않도록 작은 돌이나 나무젓가락 등으로 눌러 놓는다.

四 2~3일 후에 국물을 따라 내어 한소끔 끓인 다음 식혀서 다시 붓고 서늘한 곳이나 냉장고에 보관한다.

절임물 끓이기 

물을 $4\frac{1}{2}$컵만 넣고 소주를 1/2컵 섞어도 좋다. 또 설탕을 $1\frac{1}{2}$컵만 넣고 물엿을 1/2컵 섞으면 입에 들어가는 느낌이 매끄러워진다.

무장아찌

무장아찌는 만들기 쉽고 어떤 무를 사용해도 무방하기 때문에 장아찌 중에서도 가장 흔하게 만들어 먹던 우리나라 대표적인 전통저장음식이다. 무를 통째로 소금에 살짝 절였다가 햇볕에 꾸덕꾸덕하게 말려 간장에 담그거나 된장, 고추장에 박아 만드는 장아찌이며, 저장된 상태 그대로 먹기도 하고 먹기 직전 양념에 무쳐 먹기도 한다. 겨울철 동치미를 담아 먹고 남은 동치미무를 사용하여 장아찌를 담가 두면 입맛 없는 여름철에 짭짤한 밑반찬으로 유용하다.

재료 및 분량

동치미무 10개
묵은 고추장 5사발
설탕 · 참기름 · 깨소금 조금

【만드는 법】

一 동치미무를 햇볕에 널어 꾸덕꾸덕하게 말린다.

二 묵은 고추장에 말린 동치미무가 보이지 않을 정도로 묻고 병에 담아 숙성시킨다.

三 양념이 밴 동치미무를 꺼내어 고추장을 깨끗이 씻어 내고, 얇고 가늘게 썰어 설탕, 참기름, 깨소금을 넣고 버무려 먹는다.

무말랭이 고춧잎장아찌

길이 4cm, 굵기 1cm로 썰고 채반에 널어 바싹 말린 무말랭이와 말린 고춧잎을 함께 무친 장아찌이다.

【만드는 법】

一 무말랭이와 말린 고춧잎은 각각 뜨거운 물에 재빨리 씻어 찬물에 헹구고 소쿠리에 건져 물기를 꼭 짜서 부드럽게 불려 둔다.

二 대파는 3cm 길이로 가늘게 채 썬다.

三 분량의 재료를 섞어 양념장을 만들어 놓는다.

四 양념장에 무말랭이를 먼저 넣고 무치다가 대파와 고춧잎을 함께 넣고 조물조물 무쳐 내어 항아리에 꼭꼭 눌러 담는다.

재료 및 분량

무말랭이 200g
말린 고춧잎 100g
대파 조금

양념장

물엿 4/5컵
진간장 1/2컵
집간장 3큰술
고춧가루 3~4큰술
액젓 1~2큰술
다진 마늘 1큰술
다진 생강 1작은술
통깨 조금

무말랭이 양념 

무말랭이는 간장 양념만으로 맵지 않게 무치기도 한다.

무고추장아찌

재료 및 분량

풋고추 500g
절임용 소금물 적량
조선무(小) 2개

양념절임물

진간장 3컵
집간장 2컵
식초 1컵
설탕 1컵
소주 1/4병

많은 양을 담그는 것보다 조금씩 담가 먹으면 더 맛이 좋다. 무와 고추는 싱싱한 것으로 택하고 무는 두세 개 분량 정도씩 담그는 편이 좋다.

【만드는 법】

一 풋고추는 소금물에 5~7일 정도 담가 삭힌 후 물에 헹구고 이쑤시개로 끝부분에 구멍을 뚫는다.
二 조선무는 껍질째 씻어 길게 반으로 갈라 놓거나 4cm 두께로 둥근 썰기 하여 준비한다.
三 분량의 재료를 섞어 양념절임물을 만들어 둔다.
四 항아리에 무를 깔고 손질한 고추를 망에 담아 무 위에 얹은 후 돌로 누르고 양념절임물을 부어 서늘한 곳에 보관한다.
五 3~4일 후 간장을 따라 내어 끓여 식혔다가 붓기를 2회 반복한다.
六 3주 정도 지나면 맛이 들어 썰어 먹을 수 있다.

무고추장아찌 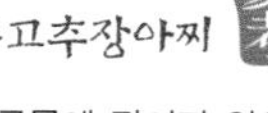

소금물에 절이지 않은 날고추를 쓰기도 한다.

무청장아찌

무를 잘라 쓰고 난 뒤 잎으로 달려 있던 나머지 무청을 이용한 장아찌로, 현대인에게는 필요한 섬유소 섭취에 유용하다.

재료 및 분량
무청 200g
잣 조금

양념장
진간장 3/4컵
집간장 1/4컵
물엿 1컵
고춧가루 3큰술

【만드는 법】
一 무청은 여린 것만 골라 깨끗이 씻어 물기를 빼고 7cm 길이로 자른다.
二 냄비에 분량의 재료를 넣고 한소끔 끓인 후 식으면 고춧가루를 섞어 양념장을 만들어 둔다.
三 손질한 무청에 양념장과 잣을 함께 넣어 무친다.

고추장 무청장아찌

보드랍고 새콤달콤한 무청장아찌는 저렴한 가격에 비해 훌륭한 밑반찬으로 이용된다.

재료 및 분량
무청 200g
고추장 적량

양념절임물
물 2컵
진간장 1컵
물엿 1컵
설탕 1컵
정종 3큰술
식초 3큰술

【만드는 법】
一 무청을 씻어 끓는 물에 데친 후 껍질을 모두 벗기고 물기를 꼭 짜 둔다.
二 냄비에 분량의 재료를 넣고 한소끔 끓여 양념절임물을 만들어 둔다.
三 무청에 양념절임물을 붓고 20일 정도 재워 둔다.
四 절여진 무청을 꺼내어 망에 넣고 고추장에 박아 한 달 동안 숙성시킨다.

매실장아찌

매실장아찌는 재래종보다 알이 굵고 과육이 약간 많은 매실을 택하여 담그는 편이 좋다.

재료 및 분량

청매실 과육 500g

양념절임물

물 1$\frac{1}{2}$컵
간장 1/2컵
설탕 1/2컵
식초 1/3컵
소금 1작은술

【만드는 법】

一 청매실은 깨끗이 씻어 물기를 제거하고 과육만 3면으로 도려 낸다.
二 분량의 재료를 냄비에 넣고 한소끔 끓인 뒤 식혀서 양념절임물을 만들어 놓는다.
三 손질한 매실 과육을 병에 넣고 양념절임물을 부은 다음 돌로 누르거나 PE 필름으로 감싸고, 뚜껑을 덮어 서늘한 곳에서 2주 동안 숙성시킨다.
四 먹을 때는 매실만 건져서 그대로 먹거나 고추장에 무친다.

매실 고추장장아찌

매실차를 만들고 남은 매실로 만드는 장아찌이다.

재료 및 분량

매실 1kg
황설탕 1kg
고추장 1컵

【만드는 법】

一 매실은 씻어 물기를 말리고 뜨거운 물에 넣었다가 건져 이쑤시개로 구멍을 낸다.
二 항아리에 매실과 설탕을 넣고 일주일에서 보름 정도 재웠다가 국물이 가라앉으면 위에 뜬 매실을 건진다.
三 쪼글쪼글해진 매실을 작은 칼로 돌려 깎아 매실의 씨를 빼고 고추장에 버무려 장아찌를 만든다.
四 매실을 건지고 남은 매실즙(매실청)은 병에 담아 두고 서늘한 곳에 보관하면서 물에 타서 음료로 이용한다.

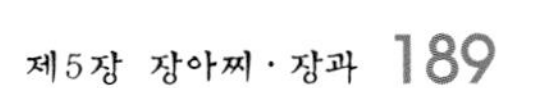

매실 통장아찌

신맛, 짠맛, 단맛이 섞인 장아찌로, 일본 사람들이 좋아하는 우메보시 종류이다. 매실은 상처가 없고 단단한 것이 장아찌용으로 좋으며, 통째로 담근 후 먹을 때 씨를 제거하지만 살만 도려내어 담그기도 한다.

재료 및 분량
매실 3kg
설탕 3kg
자소잎 500g
소금 조금
소금물(소금 160g+물 1L)

【만드는 법】

一 매실을 물에 씻어 건져서 설탕으로 버무려 병에 담고 즙이 생기도록 보름 정도 둔다.
二 즙이 생기면 매실을 건져 2~3일 동안 꾸덕꾸덕하게 말리고, 매실즙을 따로 보관하며 차로 이용한다.
三 자소잎은 붉은 물이 잘 우러나도록 약간의 소금을 뿌려 문질러 둔다.
四 말린 매실과 소금에 문질러 둔 자소잎을 큰 유리병에 켜켜로 넣은 다음 소금물을 붓고 위를 자소잎으로 덮은 후 돌로 눌러 숙성시킨다.

자소잎

방아잎 간장장아찌

재료 및 분량

방아잎 100g

양념절임물

진간장 3/4컵

집간장 2큰술

물 1/2컵

조청 1/4컵

마른 고추 1개

방아잎은 향이 좋아 채 썰어 전을 부쳐 먹기도 하며, 간장과 조청을 넣어 장아찌를 담가도 별미이다.

【만드는 법】

一 방아잎은 물에 깨끗이 씻고 물기를 털어 놓는다.

二 냄비에 분량의 재료를 넣고 팔팔 끓여 양념절임물을 만들어 식혀 놓는다.

三 방아잎에 양념절임물을 붓고 3일동안 두었다가 간장을 따라 내어 다시 끓여서 식인 후 붓는다.

四 담근 지 보름이 지난 후부터 먹을 수 있다.

방아잎

방아잎 된장버무리

소금물에 절였다가 물기를 뺀 방아잎을 된장에 버무려 담그는 장아찌이다.

재료 및 분량
방아잎 200g
된장 1컵
절임용 소금물 적량
참기름 · 실고추 · 통깨 조금

【만드는 법】

一 방아잎을 차곡차곡 겹쳐 소금물에 담가 하룻밤 동안 절여 놓는다.

二 잘 절여진 방아잎은 꼭 짜서 물기를 제거하고 20~30잎씩 떼어 된장과 섞어 놓는다.

三 먹을 때는 된장을 손으로 훑어 내고 참기름, 실고추, 통깨를 넣어 무친다.

뽕잎장아찌

뽕잎이 억세지기 전인 이른 여름에 뽕나무의 연한 잎을 따서 담그는 장아찌이다. 뽕잎을 소금물로 절여 물기를 제거한 후 된장에 박거나 간장에 절이기도 하고, 고춧가루 양념에 담그기도 한다. 양념한 후에는 서늘한 곳에 보관하여 익힌다.

재료 및 분량
뽕잎 50~100장
절임용 소금물 적량

양념
된장 2½컵
고춧가루 1/2컵
액젓 1/2컵
다진 마늘 2큰술
생강 2톨
찹쌀풀 1/2컵

【만드는 법】

一 뽕잎을 10~20장씩 실로 묶어서 소금물에 5일 동안 절인 후 건져 물기를 뺀다.

二 절인 뽕잎을 된장에 2~3일 정도 박아 두어 맛을 들인다.

三 맛이 든 뽕잎은 된장을 훑어 내고 분량의 양념을 넣고 무쳐 병이나 항아리에 차곡차곡 담아 보관한다.

간장 뽕잎장아찌 

간장으로 담글 때는 간장 2½컵과 설탕 2½컵을 섞어 한소끔 끓여 식힌 다음 소주 1/2컵을 섞은 후 뽕잎에 부어 돌로 눌러 뜨지 않도록 하여 익힌다.

산마늘장아찌_명이장아찌

4~5월에 나는 산마늘을 이용하는 장아찌이다.

【만드는 법】

一 산마늘은 잎만 따서 10장씩 묶어 소금물에 담가 일주일 정도 절였다가 소쿠리에 건져 둔다.

二 분량의 재료를 냄비에 넣고 설탕이 녹도록 한소끔 끓여 양념절임물을 만든 다음 식혀 둔다.

三 잘 절여진 산마늘잎을 항아리에 차곡차곡 담은 후 양념절임물을 붓고 잎이 뜨지 않도록 나뭇가지를 얼기설기 놓고 돌로 누른다. 시원한 곳이나 냉장고에서 보름 정도 숙성시켜 오랫동안 두고 먹는다.

재료 및 분량

산마늘 1kg
절임용 소금물(소금 100g+물 1L)

양념절임물

물 $1\frac{1}{2}$컵
식초 1컵
간장 1/2컵
설탕 1/2컵
물엿 또는 올리고당 1/2컵

산마늘장아찌 

숙성된 산마늘잎은 별도의 양념 없이도 밥반찬으로 이용할 수 있다.

산초장아찌

여러 곳에 두루 사용되는 산초는 향이 독특하고 구충력이 뛰어나며, 장아찌는 한여름에 담가 2~3년간 보관할 수 있다.

산초는 너무 어리거나 여물면 장아찌용으로 적당하지 않으므로, 열매가 적당히 파랗고 껍질이 벗겨지지 않은 것을 송이째 따서 사용한다. 산초장아찌는 조금씩 덜어 무장아찌나 풋고추장아찌를 담글 때 섞으면 맛이 더욱 좋아진다.

재료 및 분량

산초 600g
물 적량
소주 조금

양념절임물

진간장 3컵
집간장 1컵

【만드는 법】

一 산초는 먹기 좋은 크기로 잘라 스테인리스 그릇에 담고 팔팔 끓는 물을 부어 6~7시간 정도 담가 두었다가 찬물에 헹궈 채반에 건져 둔다.

二 진간장과 집간장을 함께 끓여 양념절임물을 만들어 식혀 둔다.

三 물기 빠진 산초를 병이나 항아리에 넣고 산초가 잠길 정도로 양념절임물을 부어 숙성시킨다.

四 5~7일 정도 지난 후 간장을 따라 내어 물을 조금 붓고 다시 끓여 식힌 다음 소주와 섞어 산초에 다시 붓고 한 달 정도 숙성시킨다.

산초 

산초는 데치면 산초 특유의 아삭한 맛이 살아난다.

무산초장아찌

적당한 크기로 썬 무를 간장에 담가 만드는 무장아찌와 산초장아찌를 조금씩 섞어 담그면 독특한 향미를 즐길 수 있다.

재료 및 분량

산초 600g
식초물(식초 2컵+물 3컵)
조선무 3개(4kg)

양념절임물

진간장 4컵
산초 삭힌 물 3컵

【만드는 법】

一 산초는 큰 송이를 줄기별로 조금씩 나누어 물에 씻고 채반에 건져 물기를 뺀다.

二 조선무는 다듬어서 5cm 크기로 큼직하게 썰어 둔다.

三 병이나 항아리에 산초와 무를 켜켜로 담고 식초물을 부은 다음 산초가 떠오르지 않도록 돌이나 접시로 눌러 7~10일 동안 삭힌다.

四 산초 삭힌 국물을 따라 내어 간장과 섞고 한소끔 끓여서 식힌 뒤 다시 붓고, 열매가 뜨지 않도록 돌이나 접시 등으로 덮어 눌러 둔다.

五 무가 다 익어 색이 진해지고 산초향이 배면 얇게 썰어서 반찬으로 이용한다.

산초순장아찌

산초잎이 돋아날 무렵 순을 따서 담그는 장아찌이다.

재료 및 분량
산초잎 100g

양념장
마늘 4쪽
생강 1톨
고추장 2큰술
고춧가루 2큰술
간장 1큰술
물엿 1큰술
깨소금 1큰술

【만드는 법】

一 산초잎은 뜨거운 물에 살짝 데쳐 내어 찬물에 헹궈 둔다.

二 마늘과 생강을 곱게 다지고 나머지 재료를 섞어 양념장을 만든다.

三 데친 산초잎에 양념장을 넣어 고루 묻도록 버무린 후 깨소금을 뿌리고 작은 병이나 그릇에 꼭꼭 눌러 담아 놓는다.

아카시아꽃장아찌

아카시아꽃이 피기 전에 오무린 상태에서 꽃을 송이 채 따서 간장물에 절여 만든다.

재료 및 분량
아카시아꽃 1kg

양념절임물
간장 3컵
설탕 1컵
식초 1컵

【만드는 법】

一 봉우리 상태의 아카시아꽃을 송이 채로 따서 너무 크지 않은 병이나 유리그릇에 나란히 담는다.

二 분량의 재료를 냄비에 넣고 설탕이 녹을 정도로 한소끔 끓여 양념절임물을 만들고 식혀 둔다.

三 꽃 위에 양념절임물을 부어 보름 정도 두었다가 꽃송이만 건져 먹는다.

양파장아찌

양파의 알이 굵어지는 5월이 되기 전에 알이 작은 양파를 구하여 껍질을 벗기고 담그는 장아찌이다.

재료 및 분량
양파(小) 20개
식초물(식초 1컵+물 3L)
소금 200g

양념절임물
마른 고추 2개
간장 1~3컵
물 1~2컵
소금 2~4큰술
생강편 50g
설탕 1/4컵

【만드는 법】

一 양파는 껍질을 벗기고 소금으로 간을 맞춘 식초물에 일주일 정도 담가 두었다가 매운맛이 빠지면 깨끗이 씻어 건진 다음 물기를 제거해 둔다.

二 마른 고추는 3~4등분 하고, 나머지 재료와 함께 냄비에 넣고 한소끔 끓여 양념절임물을 만들어 식혀 둔다.

三 항아리에 양파를 담고 양념절임물을 부은 다음 양파가 떠오르지 않도록 무거운 것으로 눌러 놓는다.

四 4~5일 지난 후 국물을 따라 내어 끓인 다음 식혀서 다시 붓기를 2~3회 반복하고 보름 정도 둔다.

알양파장아찌

아주 작은 크기의 알양파를 골라 검은색이 나도록 담거나 흰색으로 담그는 장아찌로, 술안주로 이용하면 좋다. 희게 담글 때는 간장 대신 18%의 소금물을 이용한다.

재료 및 분량
알양파 1kg

양념절임물
간장 2컵
설탕 1컵
식초 1컵
소주 1/2컵

【만드는 법】

一 알양파는 뿌리를 자르고 겉껍질을 벗겨 깨끗이 씻고 물기를 없앤 후 잠시 말린다.

二 냄비에 분량의 재료를 넣고 한소끔 끓여 양념절임물을 만들고 식혀 둔다.

三 병에 손질한 알양파를 넣고 양념절임물을 부은 다음 양파가 뜨지 않도록 무거운 돌이나 대나무 젓가락 등으로 눌러 서늘한 곳에서 3주 정도 보관한다.

양송이장아찌

재료 및 분량
양송이 200g

양념절임물
간장 1컵
설탕 1/2컵
물엿 1/3컵
물 1컵
정종 5큰술
식초 2큰술

양송이를 통째로 사용하여 만드는 장아찌로, 주로 반찬으로 이용한다.

【만드는 법】

一 양송이는 껍질을 벗기지 말고 깨끗이 손질해서 병에 담는다.
二 냄비에 분량의 재료를 넣고 한소끔 끓여 양념절임물을 만들고 식혀 둔다.
三 양송이에 양념절임물을 부어 20일 정도 둔다.
四 20일 후 절여진 양송이를 꺼내어 망에 넣고 고추장에 박아 둔다.

인삼장아찌

일반 인삼에 비해 크기가 크지 않고 쓴맛이 덜한 미삼이나 종삼을 이용한 장아찌이다.

【만드는 법】

一 미삼 또는 종삼을 깨끗이 손질한 후 물에 씻고, 굵은 것은 칼집을 넣어 둔다.
二 물, 소금, 설탕을 섞어 인삼절임물을 만든다.
三 인삼에 인삼절임물을 붓고 1시간 정도 두었다가 인삼이 부드러워지면 채반에 건져 꾸덕꾸덕하게 말린다. 이때 절임물 1/2컵을 받아 둔다.
四 말린 인삼은 4~5개씩 실로 묶고 작은 항아리에 차곡차곡 담는다.
五 냄비에 분량의 재료를 넣고 끓여 양념절임물을 만들고 식혀 둔다.
六 인삼 항아리에 준비한 양념절임물을 붓고 뜨지 않도록 무거운 돌로 눌러 놓는다.
七 오래 보관하기 위해서는 장아찌의 국물을 따라 내어 끓인 뒤 다시 붓기를 여러 차례 반복한다.

재료 및 분량
미삼 또는 종삼 400g

인삼절임물
물 1컵
소금(호렴) 1큰술
설탕 1큰술

양념절임물
인삼 절인 물 1/2컵
간장 4큰술
물엿 3큰술
정종 1큰술

미삼장아찌

종삼장아찌

오이지

초여름에 연하고 갸름한 조선오이(백오이)를 골라 끓인 소금물에 절였다가 오이가 누런색으로 변했을 때 꺼내 먹는 장아찌이다. 오이의 색이 누렇게 변하는 것은 익는 동안 산이 생기기 때문이며, 오이의 색이 누렇게 비칠 정도면 소금간이 싱거워 산이 많이 생긴 것이다.

재료 및 분량
조선오이 30개
소금물(천일염 700g+물 4L)
마늘종 1묶음

【만드는 법】

一 조선오이는 겉을 마른 행주로 문질러 흙이나 먼지를 털어 내고 항아리에 켜켜이 가로질러 차곡차곡 담아 무거운 돌로 눌러 놓는다.

二 소금물을 끓여 잠깐 식힌 뒤 뜨거울 때 항아리에 붓고 완전히 식으면 뚜껑을 덮어 익힌다.

三 먹을 때는 한 개씩 꺼내어 씻은 후 얄팍하게 썬다.

四 오이지를 담글 때 마늘종을 둥글게 말아 오이와 같이 넣으면 맛이 더 좋아진다.

오이지 물 우리기 

오이지를 상에 올릴 때는 오이를 5~6cm 길이로 자르고 골이 패인 대로 세 쪽으로 잘라 헹군다. 자른 오이는 그릇에 담아 찬물을 넣고 얼음과 함께 준비한다. 위에 가는 파를 채 썰어 조금 띄우거나 고춧가루를 조금 뿌리기도 한다. 단맛을 원하면 설탕을 섞은 식초물을 부어 먹기도 한다.

오미자 연뿌리장아찌

【만드는 법】

一 연뿌리 껍질을 벗기고 3mm 두께로 가로로 썰어 연뿌리 특유의 모양을 내도록 한다.

二 손질한 연뿌리를 끓는 물에 3~4분간 삶아 건진다.

三 삶은 연뿌리는 소금물에 1~2일간 절였다가 건진다.

四 단맛의 오미자청에 담가 한 달 후부터 오랫동안 두고 먹을 수 있다.

재료 및 분량
연뿌리 200g
절임용 소금물 2컵
오미자청 1.5컵

고추장 오이장아찌

재료 및 분량

조선오이 적량

소금물 적량

고추장 적량

고추장을 이용하는 장아찌로, 먹다가 남은 오이지를 꾸덕꾸덕하게 말린 다음 장에 박아 맛을 들이는 전통식 장아찌에 속한다.

【만드는 법】

一 조선오이는 겉을 마른 행주로 문질러서 흙이나 먼지를 털어 내고 항아리에 켜켜이 가로질러 차곡차곡 담고 무거운 돌로 눌러 놓는다.

二 소금물을 끓여 잠깐 식힌 뒤 뜨거울 때 항아리에 붓고 완전히 식으면 뚜껑을 덮어 익힌다.

三 익힌 오이지를 베보자기에 싸서 눌러 물기를 뺀 후 햇볕에 꾸덕꾸덕하게 말려 고추장에 박아 둔다.

四 먹을 때는 고추장을 씻어 내고 썰어서 갖은 양념에 무친다.

오이장아찌 고추장 

오이지를 담갔던 고추장은 찌개나 국에 넣어 이용한다.

오이장아찌

재료 및 분량

오이 3개

붉은 고추 2개

양념절임물

물 $1\frac{3}{4}$컵

굵은소금 6큰술

설탕 4큰술

2배 식초 2큰술

【만드는 법】

一 오이는 소금으로 문질러 씻은 다음 물기를 뺀다.

二 냄비에 분량의 재료를 넣고 한소끔 끓여 양념절임물을 만들어 식혀 둔다.

三 오이는 2~3토막 내어 길이로 가르고 붉은 고추는 어슷썬다.

四 오이와 고추를 항아리에 넣고 무거운 돌로 누른 다음 양념절임물을 붓는다.

五 4~5일 후 국물을 따라 내고 다시 끓여 식혀서 부은 후 서늘한 곳에서 3주 정도 숙성시킨다.

六 먹을 때는 오이를 꺼내어 씻고 먹기 좋은 크기로 썰어서 갖은 양념에 무친다.

간장 오이장아찌

【만드는 법】

一 오이는 깨끗이 씻어 길이로 4등분 하고 절반으로 잘라 놓는다.

二 냄비에 분량의 재료를 넣고 한소끔 끓여 양념절임물을 만든다.

三 오이를 항아리에 넣고 무거운 돌로 누른 다음 뜨거운 양념절임물을 붓는다.

四 하루가 지난 후 국물을 따라 내고 다시 끓여 식혀서 부은 후 서늘한 곳에 보관한다.

五. 먹을 때는 장아찌를 꺼내어 별다른 양념을 하지 않은 채 먹기 좋은 크기로 썰어 그릇에 담는다.

재료 및 분량

오이 5개

양념절임물

간장 1/2컵

설탕 1/2컵

식초 1/2컵

물 1컵

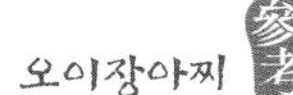

풋고추와 마늘을 함께 섞어 넣으면 오이장아찌의 맛이 더욱 좋아진다.

울외장아찌

약간 덜 익은 울외를 사용하여 만드는 장아찌이다.

재료 및 분량

울외 8개
절임용 소금물 적량

양념장

술지게미 10컵
설탕 2컵
물엿 1컵

【만드는 법】

一 울외는 반으로 갈라 씨를 긁어 내고 소금물에 5~7일 동안 절였다가 채반에 건져 꾸덕꾸덕하게 말린다.

二 분량의 재료를 섞어 양념장을 만들고 울외에 양념이 충분히 덮이도록 켜켜이 넣어 숙성시킨다.

三 담근 지 3개월이 지나면 맛이 들어 먹을 수 있으며, 1년이 넘도록 오래 보관할 수 있다.

햇 울외장아찌

참외장아찌

재료 및 분량

참외 5개(10조각)

절임용 소금물(소금 2½컵+물 8컵)

덜 익은 참외를 소금물에 절인 다음 기호에 따라 참기름과 설탕으로 양념하여 먹는 장아찌이다.

【만드는 법】

一 참외는 반으로 갈라 씨와 속을 파내고 항아리에 넣은 다음 소금물을 붓고 무거운 돌로 눌러 두고 절인다.

二 5일 정도 지나 소금물을 따라 내고 끓여 식힌 뒤 다시 붓기를 두 번 반복하고 서늘한 곳에서 한 달 동안 숙성시킨다.

三 먹을 때는 참외를 건져 짠물을 빼고 잘게 썰어서 참기름과 설탕으로 양념한다.

고추장 참외장아찌

덜 익은 참외를 소금에 절인 다음 고추장에 박아 두었다가 꺼내어 얇게 썰어 양념하여 먹는 장아찌이다.

재료 및 분량
참외 10개
절임용 소금물(소금 500g+물 3L)
고추장 700g

【만드는 법】
一 참외는 반으로 갈라 씨와 속을 파내고 소금물에 절였다가 건져 햇볕에 꾸덕꾸덕하게 말린다.
二 항아리에 말린 참외와 고추장을 켜켜로 넣고 익힌다.
三 먹을 때는 잘게 썰어 그대로 먹거나 갖은 양념을 한다.

술지게미 참외장아찌

덜 익은 참외를 소금물에 절인 다음 술지게미에 버무려 익혀 먹는 장아찌이다.

재료 및 분량
참외 3kg
절임용 소금물(소금 500g+물 3L)
술지게미 600g
소금 50g

【만드는 법】
一 참외는 반으로 갈라 속을 파내고 소금물에 일주일 정도 절였다가 건져 햇볕에 꾸덕꾸덕하게 말린다.
二 술지게미 절반 양에 소금을 섞고 참외와 함께 버무린다.
三 항아리에 버무린 참외와 남은 술지게미를 켜켜로 넣고 무거운 돌로 누른 다음 뚜껑을 덮어 서늘한 곳에서 보름 정도 숙성시킨다.
四 먹을 때는 노랗게 익은 참외를 물에 씻어 갖은 양념을 한다.

토마토장아찌

크기가 잘고 익지 않은 토마토를 소금물에 절였다가 꾸덕꾸덕하게 말려서 된장에 박거나 간장물에 담가 만드는 장아찌이다.

【만드는 법】

一 토마토는 꼭지를 떼고 씻은 후 소금물에 일주일 정도 절였다가 건져서 바람이 잘 통하는 곳에서 말린다.

二 항아리에 말린 토마토와 된장을 켜켜로 넣고 맨 위를 된장으로 덮은 다음 소금을 뿌려 한 달 정도 숙성시킨다.

三 먹을 때는 기호에 따라 설탕과 참기름으로 양념한다.

재료 및 분량

토마토 15~20개

절임용 소금물(소금 400g+물 2L)

된장 500g

설탕 · 참기름 조금

토마토장아찌 

꿀 2컵에 간장 1컵, 식초 1컵, 설탕 1/2컵, 소주 1/4컵을 섞어 절임물을 만들고 토마토가 뜨지 않도록 부어 숙성시킨다.

풋고추장아찌

고추 수확이 끝날 무렵 거둔 고춧잎과 고추를 소금물에 삭혀서 담그는 장아찌이다.

【만드는 법】

一 고추는 가지런히 항아리에 담고 소금물을 부어 일주일 정도 삭힌다.

二 삭힌 고추를 꺼내어 분량의 양념으로 무치거나 된장을 더 섞어 장아찌로 담가 먹는다.

재료 및 분량

풋고추 400g

절임용 소금물(소금 200g+물 1L)

양념

간장 1컵

고춧가루 1/2컵

생강즙 1큰술

설탕 1큰술

다진 파 2큰술

다진 마늘 1큰술

간장 풋고추장아찌

꼭지를 따지 않은 풋고추를 소금물에 삭혀서 간장, 식초, 설탕으로 맛을 들이는 장아찌로, 먹을 때 잘게 썰어 내기도 한다.

【만드는 법】

一 고추는 꼭지를 1cm 정도 남기고 잘라 씻어 물기를 없앤 후 소금물에 담가 일주일 정도 삭힌다.

二 마늘과 생강은 편으로 썰고 나머지 재료를 섞어 양념절임물을 만들어 둔다.

三 삭힌 고추를 건져 씻고 물기를 제거한 후에 양념을 넣어 버무리고 항아리에 꼭꼭 눌러 담아 보름 정도 익힌다.

四 먹을 때는 그대로 내거나 송송 썰어 통깨를 넣어 무친다.

재료 및 분량

풋고추 400g

절임용 소금물(소금 200g+물 1L)

양념절임물

간장 1$\frac{1}{2}$컵

2배 식초 1/2컵

설탕 1/2컵

마늘 5쪽

생강 1톨

단맛 풋고추장아찌

오랫동안 저장할 수 있는 장아찌로, 풋고추가 검은색을 띠며 맛이 일품이다.

【만드는 법】

一 고추 끝을 바늘로 한두 번 찔러 구멍을 내고 병이나 항아리에 차곡차곡 담는다.

二 분량의 재료를 섞어 양념절임물을 만들어 둔다.

三 고추가 담긴 항아리에 양념절임물을 골고루 붓고 풋고추가 뜨지 않도록 무거운 돌로 누른 다음 뚜껑을 덮어 1~2개월 정도 숙성시킨다.

재료 및 분량

풋고추 1kg

양념절임물

간장 1컵

까나리액젓 1컵

2배 식초 1컵

설탕 1컵

소주 1컵

제 6 장

건조식품

제 6 장

건조식품

건조식품이란 신선한 상태의 식품을 자연적 또는 인공적으로 건조시킨 식품을 말한다. 예부터 흔히 사용되던 저장방법이며, 건조 과정에서 식품의 수분을 감소시키고 효소작용과 미생물의 활동을 순조롭지 못하게 한다. 이렇게 하면 식품의 변질을 막을 수 있으며 보관·운송도 용이해진다.

건조법에는 상온에서 그대로 말리는 자연건조법과 감압건조법 두 가지가 있으며, 비교적 기온이 낮고 햇볕이 따스한 늦가을이 자연건조에 가장 알맞은 계절이다. 가정에서는 대개 자연건조법으로 식품을 저장하는데, 상온으로 자연건조시킨 것은 원형으로 다시 돌이킬 수 없고 일기에 좌우되며 시간이 오래 소요되는 단점이 있다. 최근에는 가정에서도 식품의 수분량을 줄이기 위하여 재료를 말리기 전에 데치거나 쪄서 단시간 내에 말리는 기계를 이용하는데, 이러한 방법은 영양분의 소모와 성분의 변화도 다소 줄일 수 있다. 또한 자연건조와 달리 시기에 관계없이 건조식품을 장만할 수 있는 장점이 있다.

풀잎과 같이 얇은 종류의 식품을 건조할 때에는 지나치게 말리면 형태가 부스러지므로 햇볕에 직접 말리기보다는 그늘에서 고루 펼쳐 말리는 것이 좋다. 그늘에서 말리면 식품의 겉과 안이 동시에 마르므로 좋은 건조식품을 만들 수 있다. 단, 식품에 지방성분이 많이 함유된 것은 지방분의 산화를 방지하기 위해서 단시간 내에 건조시켜야 한다. 건조된 식품을 보관할 때에는 대기 중의 습기가 식품에 흡수되지 않도록 밀폐된 용기에 보관해야 하며, 변색되지 않도록 관리를 잘해야 한다.

건조식품으로 사용되는 채소에는 호박오가리(애호박), 호박고지(늙은 호박), 무말랭이, 무청시래기, 고춧잎, 고추부각 등이 있다. 어패류 말린 것은 건어물 또는 건합(乾蛤)이라 하는데 북어, 민어, 조기 말린 것을 각각 명태포, 어포, 굴비라 부르고, 조갯살, 새우살, 오징어 등은 말려서 여러 가지 찬과 술안주에 쓰인다.

멸치, 명태, 대구, 관목, 과메기, 문어, 오징어 등을 말리는 방법과 기타 건어물을 만드는 방법은 생산지나 전문 업체에서 취급하는 경우가 대부분이다. 또한 최근 가옥 형태를 고려할 때 이와 같은 식품을 가정에서 건조하기란 매우 힘든 실정이다. 따라서 이 장에서는 해조류인 김, 다시마, 미역 등 생산·유통기관에서 생산된 식품을 구입하여 마른 찬이나 저장음식으로 만드는 방법만을 설명하고자 한다.

월별 건조식품

구 분	건조 채소	어패류(자반)	육류(포), 묵	부 각
1월	-	동태, 민어, 대구, 문어, 고등어, 홍합	-	-
2월	-	-	-	-
3월	-	-	-	-
4월	취, 고사리, 산나물, 쑥, 가죽나무순, 고비	미역, 다시마, 참가자미, 가리비	육포, 어포	김부각, 가죽나무순 부각
5월	고사리, 더덕, 도라지, 열무 무청	굴비, 숭어 어란	-	동백잎, 국화잎
6월	두릅, 곰취	멸치, 어란	-	두릅
7월	애호박고지	어란	-	감자
8월	애호박, 가지, 도라지, 버섯, 더덕	민어(암치), 오징어	도토리묵	감자, 풋고추, 들깨잎
9월	가지, 무말랭이, 고구마, 고구마순, 아주가리잎, 버섯, 박고지, 고춧잎, 오미자	갈치, 오징어	-	-
10월	토란대, 버섯, 고구마	정강이, 보리새우, 한치, 문어, 관묵(청어)	도토리묵	다시마, 김, 들깨송이, 풋고추
11월	무청, 배춧잎, 유자청	홍어, 가오리, 문어	편포, 육포, 어포	-
12월	-	명태, 도루묵	-	-

감자편부각
다시마부각
깻잎부각
고추부각
김부각

감자편부각

풀을 칠한 면에 작설차잎이나 로즈메리, 바질잎 가늘게 썬 것을 조금 뿌려 말려서 튀기면 좋은 향을 얻을 수 있다.

【만드는 법】

一 감자는 껍질을 벗기고 얇게 썰어 연한 소금물에 담가 녹말 성분을 뺀다.

二 녹말 성분이 빠진 감자는 끓는 물에 잠깐 넣어 데친 후 찬물에 헹구고 마른 행주로 물기를 닦는다.

三 찹쌀가루와 물을 섞어 되직한 찹쌀풀을 쑤어 놓는다.

四 감자의 한쪽 면에만 찹쌀풀을 발라 말린 후 바삭하게 튀겨서 설탕을 뿌려 낸다.

재료 및 분량

감자(中) 4~5개(500g)
연한 소금물 적량
찹쌀풀 1컵
(찹쌀가루 1/2컵+물 1컵)
튀김기름 적량
설탕 조금

김부각

재료 및 분량

김 10장
찹쌀가루 1/2컵
물 1컵(또는 다시마 우린 물)
설탕 1큰술
소금 1/2작은술
후춧가루 조금
볶은 통깨 2~3큰술
튀김기름 적량

김에 양념한 찹쌀풀을 발라 통깨를 뿌려 햇볕에 말렸다가 기름에 튀겨 먹는 부각이다. 흰 찹쌀풀과 검은색의 김이 잘 어우러지고 씹는 느낌이 바삭하여 밑반찬으로 많이 이용된다. 맥주 안주나 간식거리로도 부족함이 없으며, 일반 가정에서는 묵은 김 활용법으로 유용하다.

【만드는 법】

一 김은 잡티를 골라 내고 두 장을 서로 맞대고 몇 번 부비는 방법으로 손질한다.
二 찹쌀가루와 물을 섞어 되직한 찹쌀풀을 쑤어 식힌 다음 설탕, 소금, 후춧가루로 간을 한다.
三 김의 한쪽 면에 손놀림을 재빠르게 하여 찹쌀풀을 2~3번 얇게 바르고 다른 한 장을 겹쳐 붙인다.
四 김 위에 9~12군데 둥글게 풀칠을 하고 볶은 통깨를 뿌려서 채반에 놓고 습기 없고 바람이 잘 통하는 그늘에서 말린다.
五 마른 김을 적당한 크기로 자르고 130~150℃의 기름에 튀겨 종이를 깐 그릇에 건져 낸 뒤 식성에 따라 소금이나 설탕을 뿌려 낸다.

김부각 말리기 

김이 바싹 마르기 전에 자리를 한두 번씩 옮겨 주어야 채반에서 쉽게 떨어진다.

깻잎부각

앞뒤로 찹쌀풀을 바른 깻잎의 한쪽 면에 다른 깻잎 한 장을 붙여서 말린 다음 기름에 튀겨 먹는 부각이다. 깻잎의 한쪽에만 찹쌀풀을 발라 만들기도 한다.

재료 및 분량

깻잎 30장
찹쌀가루 1/2컵
물 또는 다시마 우린 물 1컵
소금 1/2작은술
볶은 통깨 1큰술
튀김기름 적량

【만드는 법】

一 깻잎은 가볍게 물에 씻어 물기를 없앤다.
二 찹쌀가루와 물을 섞어 되직한 찹쌀풀을 쑤고 소금으로 간을 한다.
三 깻잎의 한쪽 면에 솔로 찹쌀풀을 바르고 다른 깻잎을 붙여 채반에 놓아 말린다. 깻잎 한 장으로 부각을 만들 때는 풀을 바르고 볶은 통깨를 조금 뿌려 그대로 말리기도 한다.
四 잘 말린 부각을 기름에 튀겨 종이를 깐 그릇에 건져 낸다.
五. 튀겨 낸 깻잎이 따뜻할 때 소금과 설탕을 뿌리기도 한다.

고추부각

재료 및 분량

풋고추 25개(200g)
찹쌀가루 3/4컵
소금 1/2작은술
튀김기름 적량

한 개의 무게가 7~8g 정도 되는 중간 크기의 연한 풋고추를 골라 만드는 부각이다.

【만드는 법】

一 풋고추는 꼭지를 떼고 큰 것은 길이로 반을 갈라 씨를 빼고, 작은 것은 썰지 않고 그대로 물에 씻어 건져 낸다.
二 찹쌀가루에 소금을 넣어 간을 한 후 물기가 있는 고추에 찹쌀가루를 묻혀서 김이 오른 찜통에서 3~5분간 찐다. 찐 고추에 찹쌀가루를 더 묻혀 다시 찜통에 잠깐 찐 후 채반에 널어 햇볕에 바싹 말린다.
三 바싹 마른 고추를 160~170℃ 기름에 튀겨 종이를 깐 그릇에 건져 낸다.
四 먹을 때는 기호에 따라 설탕을 조금 뿌리기도 한다.

다시마부각

두꺼운 다시마를 튀각으로 튀기는 것과 달리 찹쌀밥을 다시마에 붙여서 말린 것을 기름에 튀긴 부각으로 색다른 맛과 모양을 즐길 수 있다.

재료 및 분량
다시마 1올(1m 정도)
찹쌀 1/2컵
튀김기름 적량

【만드는 법】

一 다시마는 젖은 행주로 문질러서 돌이나 티끌 없이 손질하고 5~6cm 폭으로 잘라 놓는다.
二 찹쌀은 물에 충분히 불려서 찜통에 젖은 행주를 깔고 무르도록 찐다.
三 다시마 조각에 무른 찹쌀밥을 드문드문 펴 바르고 채반에 널어 바싹 말린다.
四 잘 말린 다시마는 150~160℃의 기름에 튀겨 종이를 깐 그릇에 건져 낸다.

동백잎부각

동백잎이 아직 억세지기 전인 5~6월경에 길지 않고 둥글며 연한 동백잎을 따서 만드는 부각으로, 은은한 향과 부드럽게 부서지는 맛이 일품이다.

재료 및 분량
동백잎 30장
찹쌀풀 1컵
소금 1작은술
튀김기름 적량

【만드는 법】

一 동백잎은 깨끗이 씻어 물기를 없애고 잎 뒷면에 되직한 찹쌀풀을 고루 발라 그늘에서 말린다.
二 잘 마른 동백잎을 170℃의 기름에 튀겨 종이를 깐 그릇에 건져 내고 소금으로 간을 한다.

들깨송이부각

재료 및 분량
들깨송이 10개
찹쌀풀 1/2컵
튀김기름 적량

들깨가 영글기 전 맨 위에 피어 있는 비교적 연한 들깨송이를 따서 만드는 부각이다. 향이 은은하고 멋스러운 맛이 있으며, 여러 가지 부각이나 자반 위에 장식용으로 두세 송이 얹어 모양을 내기도 한다.

【만드는 법】

一 들깨송이는 7~6cm 정도 꺾어 따서 물에 흔들어 씻고 물기를 털어 둔다.

二 되직하게 찹쌀풀을 쑤어 들깨송이에 바르고 채반에 널어 말린다.

三 잘 마른 들깨송이를 160℃ 내외의 기름에 튀겨 종이를 깐 그릇에 건져 낸다.

四 들깨송이를 살짝 쪄서 찹쌀풀을 발라 말려도 좋다.

참죽부각

참죽나무의 연한 잎을 가지가 붙은 채로 데친 다음 고추장으로 간을 한 찹쌀풀을 발라서 말린 부각이다. 예부터 많이 만들어 먹던 음식으로, 독특한 향기를 가지고 있다.

재료 및 분량

참죽 1갓(줄기 채 엮은 한 두름)
찹쌀가루 1컵
물 2컵
고추장 3큰술
볶은 통깨 2큰술
튀김기름 적량

【만드는 법】

一 30~50cm 길이의 참죽잎 줄기를 끓는 물에 살짝 데쳐서 채반에 널어 꾸덕꾸덕하게 말린다.

二 찹쌀가루와 물을 섞어 찹쌀풀을 되직하게 쑨 후에 고추장을 넣고 고루 저으면서 살짝 식히고 볶은 통깨를 넣는다.

三 참죽잎 2~3줄기를 한 데 모아 손으로 고추장 찹쌀풀을 떠서 참죽을 훑어가면서 고루 바르고 줄에 널어 말린다.

四 참죽잎의 겉면이 대강 마르면 편편하게 손질하여 채반에 놓고 말렸다가 4~5cm 길이로 자른다.

五 잘 마른 참죽잎을 150℃의 기름에 튀겨 종이를 깐 그릇에 건져 낸다.

두릅부각

재료 및 분량
두릅 10순
밀가루 1컵
튀김기름 적량

손질한 두릅 순을 물에 씻고 물기를 살짝 털어낸 다음 밀가루를 묻혀 찜통에 쪄서 볕에 말려 두었다가 기름에 튀겨 먹는 음식이다. 강원도 향토음식으로, 먹을 때는 초고추장을 곁들인다.

【만드는 법】

一 두릅 순을 손질하여 딱딱하고 누런 부분을 떼어 낸다.
二 손질한 두릅 순은 물기를 살짝 털어 내고 밀가루를 충분히 묻혀 찜통에 면포를 깔고 7분 동안 찐 다음 채반에 널어 말린다.
三 먹을 때는 기름에 잠깐 튀겨 낸다.

국화잎부각

재료 및 분량
국화잎 20장
찹쌀풀 1/2컵

감국잎을 물에 씻고 물기를 제거한 후 밀가루풀이나 찹쌀풀을 칠하여 말려 두었다가 기름에 튀겨 먹는 부각이다. 다른 부각을 장만할 때 곁들임으로 만들어 두고 조금씩 꺼내 먹는다.

【만드는 법】

一 연한 국화잎을 물에 흔들어 씻고 물기를 털어 놓는다.
二 찹쌀풀을 되직하게 쑤어 국화잎 한쪽에 묻힌 다음 채반에 널어 반나절 동안 말린다.
三 먹을 때는 기름에 잠깐 튀겨 낸다.

차조기보숭이부각

차조기꽃이 필 무렵인 9월경에 열매송이를 잘라서 간장이나 소금으로 간을 한 찹쌀풀을 묻혀 말려 두었다가 기름에 튀겨 먹는 부각이다. 주로 반찬으로 이용되며, 사찰에서 흔히 만들어 먹는다.

재료 및 분량

차조기보숭이 10개
찹쌀가루 4큰술
물 1/2컵
간장 1큰술
소금 조금

【만드는 법】

一 차조기 끝부분의 꽃송이를 가위로 길쭉하게 잘라 물에 살짝 흔들어 씻고 물기를 털어 낸다.

二 찹쌀가루와 물을 섞어 풀을 쑤고 간장과 소금으로 간을 한다.

三 보숭이를 하나씩 들고 찹쌀풀을 묻힌 다음 채반에 널어 말린다.

四 먹을 때는 기름에 잠깐 튀겨 내어 다른 부각에 곁들인다.

김자반
미역자반
김자반(두꺼운 것)

김자반

묵은 김이 많을 때 양념장을 발라 말려 두었다가 만드는 자반으로 밑반찬으로 이용하기 좋다.

【만드는 법】

一 김 한 장을 두 번 접어 1/4 크기로 만든다.

二 분량의 재료를 섞어 양념장을 만들고 접어 놓은 김에 고루 발라 간이 배도록 한다.

三 양념장 바른 김이 겹치지 않도록 채반에 널고 통깨를 고루 뿌린 다음 눌러 붙지 않도록 가끔 자리를 옮겨 준다.

四 잘 마른 김을 석쇠에 얹어 살짝 굽고 작은 크기로 썰어 그릇에 담는다.

재료 및 분량

김 10장

양념장

간장 3큰술

설탕 1큰술

고운 고춧가루 1/2작은술

다진 파 2작은술

다진 마늘 1작은술

참기름 1/2큰술

볶은 통깨 1큰술

미역자반

【만드는 법】

一 깨끗하게 말린 자반미역을 1.5cm 길이로 짧게 자른 뒤 팬에 기름을 두르고 재빨리 볶는다.

二 미역이 파릇한 색으로 볶아지면 설탕과 깨소금을 고루 섞는다.

재료 및 분량

자반미역 30g

식용유 3큰술

설탕 1큰술

깨소금 1큰술

매듭자반

【만드는 법】

一 약간 도톰한 다시마는 젖은 행주로 깨끗이 닦고 1.5cm 폭으로 길게 자른다.

二 잘라 놓은 다시마 한 가닥을 들고 묶일 부분에 잣과 통후추 한 개씩을 넣으며 매듭을 만들고 적당한 크기로 자른다.

三 170℃의 기름에 매듭진 다시마 조각을 넣어 바삭하게 튀긴다. 기호에 따라 설탕을 뿌리기도 한다.

재료 및 분량

다시마 1올

잣 2작은술

통후추 1작은술

튀김기름 적량

설탕 조금

육 포

우둔이나 홍두깨살을 썰어 준비된 양념으로 간을 하고 꾸덕꾸덕하게 말려 만드는 포이다.

【만드는 법】

一 쇠고기는 근육의 결을 따라 0.5cm 두께로 썰어 가장자리에 붙은 지저분한 기름을 떼고 찬물에 담가 핏물이 우러나오면 건져 마른 행주로 물기를 닦아 낸다.

二 냄비에 진간장, 설탕, 물, 마른 고추, 생강, 통후추를 넣고 한소끔 끓인 뒤 4~5시간 동안 상온에서 식혀 고추와 후추의 향이 우러나도록 양념장을 만든다.

三 식힌 양념장을 조리에 거르고 꿀과 물엿을 넣어 고루 섞는다.

四 양념장에 고기를 한 장씩 넣어 고루 묻히고 고기에 양념장이 모두 스며들도록 충분히 주무른다.

五 넓은 채반이나 망으로 된 건조대에 고기를 결대로 잡아당기면서 펴서 널고 바람이 잘 통하며 볕이 있는 곳에 둔다. 한쪽이 마르면 뒤집어서 다시 손질하여 말린다.

六 마른 육포를 면포나 삼베보자기에 싸서 무거운 것으로 눌러 놓고 편편하게 되면 마르지 않도록 비닐로 싸서 냉동 보관한다.

재료 및 분량

쇠고기(우둔살 또는 홍두깨살) 3kg

양념장

진간장 1.5컵
설탕 2/3컵
물 1/3컵
마른 고추 3개
생강 1톨
통후추 2큰술
꿀 200g
물엿 60g

육포 말리기 

육포를 말릴 때는 손으로 매만지면서 모양이 바로잡히도록 틈틈이 손을 보아 준다. 최근에 생산되어 판매되는 건조기로는 40℃로 맞추어 1시간마다 육포를 뒤집어 주면서 말리면 하루에 완성된다.

개량편포

재래편포

편 포_재래편포

다진 쇠고기를 양념하여 목침 모양으로 빚어 만든 음식으로, 두 개를 만들어 짝을 이루도록 하여 폐백음식으로 쓰인다. 빚는 모양에 따라 대추편포, 칠보편포 등이 있다.

【만드는 법】

一 분량의 재료를 섞어 양념장을 만든다.

二 곱게 다진 쇠고기에 양념장을 고루 섞고 끈기가 생기도록 도마에 덩어리째 여러 번 내려친다.

三 한 덩어리의 편포는 20~25×10×6~7cm 정도로 모양을 만들고 표면을 꾸덕꾸덕하게 말린다.

四 마른 편포 위에 잣가루를 충분히 뿌려 놓는다.

재료 및 분량

다진 쇠고기(우둔살) 1.5kg
잣가루 2/3컵

양념장

간장 15큰술
설탕 6큰술
다진 마늘 5큰술
생강즙 1큰술
꿀 3큰술
후춧가루 1큰술

개량편포

재래편포는 속이 잘 마르지 않고 더운 날씨에 변질되기 쉬우므로 최근에는 개량하여 팬이나 오븐에 구워 만들기도 한다. 구워 만든 편포는 색과 모양이 곱지 않으므로, 한 조각씩 젓가락으로 뜯어 먹기 편하고 색과 모양까지 살릴 수 있는 개량편포를 소개한다.

【만드는 법】

一 쇠고기는 슬라이스 기계를 이용하여 매우 얇고 넓적한 모양으로 썬다.

二 분량의 재료를 섞어 양념장을 만들고, 얇게 저민 쇠고기를 넣어 적신 뒤 충분히 주물러서 양념이 고루 배도록 한다.

三 달군 팬에 양념한 쇠고기편의 양면을 구워 낸다. 뜨거울 때 30×25cm 정도의 편평하고 네모난 케이크 팬에 밑면과 옆면을 완전히 덮어 쓸 수 있을 정도로 알루미늄 포일을 깔고 높이 10cm 정도로 차곡차곡 담는다.

四 쇠고기편이 따뜻할 때 네모난 고깃덩어리가 되도록 포일로 감싼 뒤 무거운 것으로 위를 눌러 놓고 식힌다.

五 6~10시간 지난 후 감싼 포일을 벗기고 20~25×10×7cm 정도의 크기로 두 토막 내어 가장자리를 깔끔히 손질한다.

재료 및 분량

쇠고기(우둔살 또는 홍두깨살) 3kg

양념장

간장 1½컵
배즙 1컵
설탕 1/3컵
다진 파 6큰술
다진 마늘 10큰술
생강즙 3큰술
꿀 4큰술
참기름 2/3컵
깨소금 2/3컵
후춧가루 1큰술

폐백음식 장식 

개량편포는 재래편포와 같이 청홍실이나 종이로 감아 모양을 내어 폐백음식으로 이용한다.

대추편포
칠보편포
육포쌈

육포쌈

육포를 만들어 눅눅하고 완전히 마르기 전에 잣을 속에 넣고 작은 반달 모양으로 꼭꼭 눌러 접어 만든 것으로, 술안주에 매우 좋다.

재료 및 분량
쇠고기(우둔살) 300g
잣 3큰술
참기름 조금

양념장
간장 3큰술
꿀 2큰술
설탕 1큰술
생강즙 1작은술
후춧가루 1/4작은술

【만드는 법】
一 쇠고기는 결이 평행이 되도록 0.2cm 두께로 포를 떠서 핏물을 닦는다.
二 분량의 재료를 섞어 양념장을 만들어 쇠고기를 적시고 충분히 주물러 양념이 고루 배도록 한 뒤 채반에 널어 꾸덕꾸덕하게 말린다.
三 잘 마른 쇠고기포는 판판하게 손질하여 4×5cm 크기로 썰고 잣 3~4알을 올린 뒤 절반으로 접어 쌈을 만든다.
四 육포쌈은 모서리 두 곳을 가위로 둥글게 오려 송편 모양으로 만들고 밀대로 자근자근 눌러 벌어지지 않도록 한다.
五 먹을 때는 참기름을 약간 발라 살짝 굽는다.

쇠고기의 결 參考
육포쌈을 만들 때 쇠고기포의 결이 사선 방향이면 모양이 일그러져 예쁘지 않으므로 포를 만들 때부터 결을 잘 살려 말리도록 한다.

대추편포

곱게 다진 쇠고기에 양념을 한 다음 적당한 크기로 떼어 잣 한두 개를 보이도록 박아 대추 모양으로 빚고 꾸덕꾸덕하게 말린다. 먹을 때는 참기름을 칠하여 육포나 편포에 곁들인다.

칠보편포

곱게 다진 쇠고기에 양념을 한 다음 3~4cm 크기로 동글납작하게 빚어서 잣을 7개를 박아 보석이 박힌 것처럼 만들고 꾸덕꾸덕하게 말린다. 먹을 때는 참기름을 바른다.

장 포

기름기 없는 쇠고기를 육포 보다 조금 도톰하게 저며서 간장과 참기름을 섞은 유장을 발라 주물러 석쇠에 타지 않도록 굽는다. 이것을 다시 도마에 놓고 두드리다가 양념장(진간장, 파, 마늘, 깨소금, 후춧가루)에 적셔 석쇠에 살짝 굽고 그늘에서 말린다. 반찬이나 술안주, 등산 시 비상식량으로 이용한다.

산채나물

채소를 제철에 말려 두었다가 비타민 섭취가 부족하기 쉬운 겨울이나 입맛이 없는 봄철에 이용하면 좋다. 건조식품으로 이용하는 채소로는 무청시래기, 고춧잎, 고구마줄기, 풋고추, 호박오가리, 박오가리, 무오가리, 무말랭이 등이 있다. 산채로는 가죽버섯, 취나물, 수리취, 고사리, 고비, 더덕, 도라지, 곤드레 등이 있으며, 갖은 양념에 무쳐 나물과 반찬으로 이용한다.

무청시래기

김장할 때 무를 잘라 쓰고 남은 무청을 말려 시래기를 만들어 두면 삶아서 볶아 먹거나 찌개 끓일 때 넣는 등 여러 가지 찬으로 이용할 수 있다. 무청은 그대로 엮어서 말리기도 하고, 끓는 물에 소금을 조금 넣고 데쳐 내어 물기를 빼서 말리기도 한다. 먹을 때는 한 번 삶아서 줄기의 억센 껍질을 벗기면 부드러워진다.

더덕, 도라지

더덕과 도라지는 제철에 구하여 껍질을 벗기고 방망이로 자근자근 두드린 다음 찬물에 담가 쓴맛을 우려 낸다. 이것을 끓는 물에 잠깐 삶아 건지고 소금, 간장, 후춧가루로 양념한 후 하룻밤 재워 두었다가 햇볕에 말려 저장한다. 먹을 때는 물에 담가 촉촉하게 불린 다음 구워서 찬으로 이용한다.

쑥 잎

연한 쑥잎을 살짝 데쳐서 물기를 짜고 냉동하거나 건조해 두었다가 이용하면 사시사철 쑥 특유의 향과 색을 즐길 수 있다. 쑥은 물에 한 번 씻어 끓는 물에 소다를 조금 넣고 데친 다음 찬물로 헹구지 말고 채반에 쏟아 말려 두었다가 망으로 된 봉지나 석작에 보관한다. 끓는 물에 삶아 건져 내어 쑥인절미나 쑥송편에 이용하며, 말린 쑥을 삶을 때는 떡의 종류에 따라 시간을 달리한다. 쑥을 건조시킬 때 한 번 데치면 그냥 말리는 것보다 색이 더욱 진해진다.

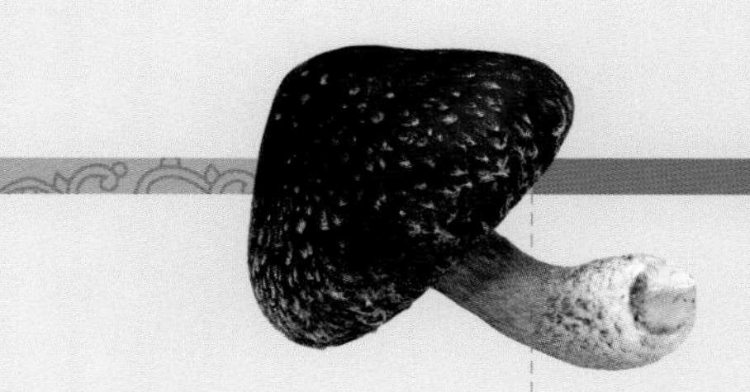

당귀잎_승검초

말린 당귀잎은 갖은 양념을 하여 나물로 무쳐 먹거나 떡을 만들 때 이용한다. 향초인 당귀잎은 건조기에서 40~60℃로 말려야 향과 색이 가장 좋은 상태로 유지된다. 끓는 물에 살짝 데친 다음 찬물에 헹구지 않은 채 그늘에서 말리기도 하는데, 이때 끓는 물에 데친 다음 찬물에 헹구어 말리면 향과 색이 떨어진다.

표고버섯

최근에는 상품으로 나오는 마른 표고가 많아서 집에서 말리는 일을 덜 수 있지만, 가정에서 표고를 구입하여 직접 햇볕에 말려 사용하면 음식을 만들 때 방부제 없는 버섯을 이용할 수 있다.

도토리묵

도토리묵은 4×5×1cm 또는 2×5×1cm로 길게 썰어서 가닥가닥하게 소리가 날 정도로 말린다. 따뜻한 물에 불려 무침이나 볶음, 조림 등으로 이용하며, 채소와 함께 볶으면 별미로 즐길 수 있다.

제7장

당장·염장식품

제7장
당장 · 염장식품

(1) 당장식품

당장법은 설탕이나 꿀, 조청 등에 조리거나 당속류에 넣고 절여서 저장하는 방법으로, 과실청이나 과편, 정과, 엿강정 등이 포함된다. 서양으로부터 전해진 잼이나 젤리, 마멀레이드 등과 같은 것도 당장식품이지만 이 장에서는 한국의 저장식품만을 설명하고자 한다.

정 과

과일 뿌리나 줄기, 열매를 물, 조청, 설탕에 오랫동안 조려 쫄깃하고 달콤하게 만든 한과류이다. 일반적인 재료는 연근, 동아, 무, 도라지, 박, 유자, 모과, 인삼 등 30여 종이 있다. 정과(正菓, 煎菓)의 종류로는 절임정과, 조림정과, 건정과가 있다.

- 절임정과 : 당근정과, 감자정과, 금귤정과
- 조림정과 : 박고지정과, 사과정과, 도라지정과, 인삼정과, 무정과, 우엉정과, 연근정과, 동아정과, 밀감정과, 감자정과
- 건정과 : 완성된 절임정과와 조림정과를 체에 밭쳐 하나씩 떼어 설탕을 묻혀 말린 것

과 편

신맛이 나는 과실의 즙이나 과육을 이용하여 설탕이나 꿀 등의 당분을 넣어 조려 수분을 어느 정도 제거한 후 녹두녹말이나 한천 등을 넣고 굳혀 만든 후식류이다. 새콤달콤한 맛과 과일의 다양하고 아름다운 색, 상큼한 향, 부드러운 질감이 일품이다. 과편의 종류에는 복분자(산딸기)편, 살구편, 앵두편, 오미자편, 모과편, 포도편, 머루편, 감귤과편, 대추인삼과편, 금귤과편, 딸

기편 등이 있다.

젤리화가 이루어지려면 과일이나 채소 중에 펙틴이 1~1.5%, 산(구연산 · 주석산 · 사과산)이 0.3%(pH 3.46 내외) 정도 함유되어 있어야 하고, 당장식품은 여기에 설탕을 더 넣어 만든다. 우리나라의 과편은 녹두녹말을 넣어 엉기도록 하고, 편으로 만들어 내는 것이 특징이다.

(2) 염장식품

염장법은 예부터 아주 많이 이용되는 방법으로, 식품을 단순히 소금으로 절여서 보관하는 방법, 소금에 절였다가 말려 보관하는 방법, 소금에 절여서 발효시키는 방법 등이 있다. 젓갈이나 장에 담가 저장하는 장아찌 등이 모두 염장식품에 포함되는데, 어류, 어란, 채소에 이르기까지 염장식품으로 이용할 수 있는 식품은 그 종류가 매우 다양하며, 저장하기 쉽고 어떤 식품에나 적용할 수 있다.

식품에 소금을 넣으면 삼투압이 높아져 식품의 수분이 탈수되고 식품을 변질시키는 미생물이 원형질 분리를 일으켜 그 생육이 억제되므로 오랫동안 저장이 가능하다. 이 장에서는 김치류, 젓갈류, 장아찌류에서 언급하지 않았던 염장류인 생선자반, 굴비, 어란에 한하여 설명하고자 한다.

감자정과

재료 및 분량

감자 3개
물 1컵
소금 1작은술
천연색소 조금

시럽

물 4큰술
설탕 1컵
물엿 1컵

감자정과 색 내기 參考

치자나 오미자를 색소로 이용하여 장식하기도 한다.

【만드는 법】

一 감자는 껍질을 벗기고 큰 것은 반으로 자른 다음 얇게 썰어서 물에 담가 녹말을 제거한다.

二 끓는 물에 소금을 조금 넣고 살짝 데쳐서 채반에 건진다.

三 밑바닥이 두꺼운 냄비에 물을 조금 넣고 설탕과 물엿을 1 : 1 비율로 넣어 약한 불로 끓여 시럽을 만든다. 이때 정과에 색을 들이려면 시럽에 천연색소를 첨가한다.

四 시럽에 데친 감자를 하나씩 넣고 잠시 두었다가 시럽을 따라내어 다시 끓여 붓기를 3~4회 정도 반복한다.

五. 감자를 조려서 만들면 짧은 시간 내에 만들 수 있다.

금귤정과

【만드는 법】

一 금귤을 깨끗이 씻어 물기를 뺀 후 껍질 부분에 6~10개 정도의 구멍을 낸다.

二 밀바닥이 두꺼운 냄비에 물엿과 설탕을 넣고 약한 불로 졸이다가 센 불로 끓이고 꿀을 넣어 시럽을 만든다.

三 금귤을 시럽에 담가 상온에 두고 식힌다.

재료 및 분량

금귤 500g

시럽

물엿 $1\frac{1}{2}$컵

설탕 1/2컵

꿀 1/4컵

금귤 씨 제거하기 

금귤의 씨는 금귤의 밑부분을 조금 자른 후 시럽에 담가 두면 저절로 빠진다. 감자를 금귤정과와 함께 담그면 맛이 더욱 좋다.

당근정과

재료 및 분량
당근 2개
설탕 적량

시럽
설탕 1컵
물엿 1컵
물 조금

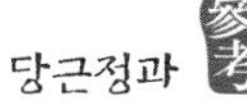

당근은 싱싱한 것보다는 씻어서 냉장고에 보관하여 잘 구부러질 정도로 시든 것이 정과 만들기에 좋다.

【만드는 법】

一 당근은 껍질을 벗기고 5각형으로 칼집을 내어 돌려 깎은 후 설탕에 살짝 절였다가 엽체꽃 모양을 만든다.

二 밑바닥이 두꺼운 냄비에 물을 조금 넣고 설탕과 물엿을 1 : 1 비율로 넣어 약한 불로 끓여 시럽을 만든다.

三 시럽에 당근꽃을 하나씩 담가 하룻밤을 재웠다가 체에 건져서 초록색 채소잎과 함께 장식한다.

박고지정과

【만드는 법】

一 박고지는 따뜻한 물에 충분히 불린다.

二 불린 박고지는 한 번 삶아서 채반에 건져 물기를 빼고 매듭을 만들 수 있을 만한 길이로 적당히 자른다.

三 냄비에 물엿, 설탕, 물을 넣고 시럽을 끓이다가 박고지를 넣고 반쯤 조린 후 꿀을 넣고 약한 불에서 시럽이 거의 없어질 때까지 조린다. 이때 정과에 색을 들이려면 치자물(노란색), 오미자물(분홍색), 시금치물(초록색) 등의 천연색소를 시럽에 첨가한다.

四 조려진 정과는 매듭 모양, 매작과 모양 등으로 모양을 만든 후 체에 밭쳐 식힌다.

재료 및 분량

박고지 100g(불리면 300g 이상)
천연색소 조금

시럽

물엿 2컵
설탕 1컵
물 1컵
꿀 1/2컵

박고지정과 

- 마른 박고지는 따뜻한 물에 담가서 충분히 불리지 않으면 시럽에 넣어 조릴 때 먹을 수 없을 정도로 딱딱해지므로 주의한다.
- 박고지정과는 쫄깃쫄깃하게 조려지기 전에 식용색소로 물을 들여 예쁘게 색을 낸다.

사과정과

재료 및 분량

사과 3개

시럽

물엿 2컵

설탕 2/3컵

【만드는 법】

一 사과는 껍질째 깨끗이 씻어 씨를 빼고 가로로 납작하게 썬다.

二 냄비에 물엿과 설탕을 넣고 시럽을 끓이다가 손질한 사과를 넣어 약한 불에서 서서히 조린다.

三 시럽이 거의 졸아들면 사과정과를 하나씩 체에 건져 식힌다.

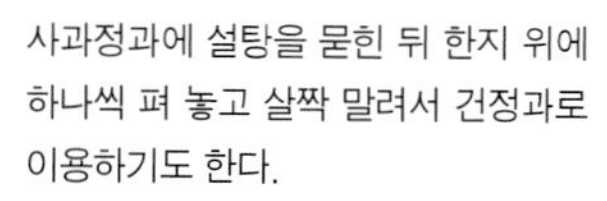

사과정과에 설탕을 묻힌 뒤 한지 위에 하나씩 펴 놓고 살짝 말려서 건정과로 이용하기도 한다.

도라지정과

【만드는 법】

一 도라지는 껍질째 씻어 속이 익을 때까지 끓는 물에 삶은 다음 위에서부터 훑어 껍질을 깨끗이 벗겨 낸다.

二 냄비에 물엿과 설탕을 5 : 2의 비율로 넣고 시럽을 끓이다가 손질한 도라지를 넣어 약한 불에서 서서히 조린다.

三 시럽이 거의 졸아들면 꿀을 넣고 도라지를 하나씩 체에 건져 식히고 말린다.

재료 및 분량

통도라지 200g
물 2~2½컵
물엿 2½컵
설탕 1컵
꿀 조금

대추도라지정과 

도라지정과를 만들 때 시럽에 대추를 넣으면 색과 향이 좋은 대추도라지정과를 만들 수 있다.

도라지건정과 

도라지정과에 설탕을 묻힌 뒤 한지 위에 놓고 말려서 건정과로 이용하기도 한다.

기타 뿌리재료 정과 

연근정과, 우엉정과는 식초를 넣고 삶아 익혀서 같은 방법으로 만들고, 인삼정과도 같은 방법으로 만든다.

인삼정과

재료 및 분량

수삼 200g
물 2컵

시럽

물엿 300g
설탕 100g
꿀 1큰술
소금 조금

【만드는 법】

一 수삼은 잔털을 다듬어 깨끗이 손질한 뒤 물에 삶아 건져서 껍질을 벗기고, 수삼 삶은 물 1/2컵을 따로 받아 둔다.

二 냄비에 수삼 삶은 물과 물엿, 설탕, 소금을 넣고 끓이다가 삶은 수삼을 넣어 조린다. 처음에는 조금 센 불에서 조리다가 점점 약하게 하여 거품을 걷어가며 조린다.

三 수삼이 거의 조려지면 꿀을 넣어 조금 더 조리고 망으로 된 체에 건져 식히면서 꾸덕꾸덕하게 말린다.

인삼정과 參考

- 수삼을 삶을 때는 속이 투명하도록 삶아야 심이 박히지 않으며, 완성된 후에도 전체가 쫄깃해진다.
- 대추 열 알을 씨를 빼고 시럽에 넣어 졸이면 맛이 더욱 좋다.

무정과

【만드는 법】

一 무는 껍질을 벗기고 가로로 썰어서 끓는 물에 삶아 낸다.

二 냄비에 물엿과 설탕을 넣고 시럽을 끓이다가 익혀 놓은 무를 넣어 투명해지도록 약한 불에서 조린다.

三 조린 무는 반달로 썰어 장미 모양으로 담고 가운데 잣가루를 뿌려 모양을 낸다.

四 조린 무의 중앙에 칼집을 넣고 한쪽 끝을 칼집 사이로 넣어 매작과 모양으로 꼬이도록 하여 가지런히 담고 가운데 잣을 얹어 만들기도 한다.

재료 및 분량

무 1개
물 적량
잣가루 조금

시럽

물엿 2컵
설탕 2컵

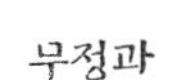

무정과 參考

수분이 적은 조선무를 사용하는 것이 좋고, 모과와 함께 만들면 향이 좋아진다.

밀감정과

재료 및 분량
밀감 10개
설탕 1/4컵

시럽
물엿 2컵
설탕 1컵
꿀 1/2컵

【만드는 법】

一 밀감은 적당한 크기로 썰어 설탕을 뿌려 재워 둔다.
二 냄비에 설탕과 물엿을 넣고 시럽을 끓이다가 설탕에 재운 감귤을 넣고 조린다.
三 시럽이 거의 졸아들면 꿀을 넣어 조금 더 조린다.
四 먹을 때는 감귤편 한쪽의 껍질을 반쯤 벗겨 말아서 모양 있게 담기도 한다.

편 강

【만드는 법】

一 생강은 껍질을 벗겨 얇게 저민 후 물을 넉넉히 붓고 10시간 정도 담가 매운맛을 뺀다.

二 끓는 물에 매운맛을 뺀 생강을 넣고 20분 정도 삶은 후 찬물에 재빨리 헹구고 채반에 밭쳐 식힌다.

三 식힌 생강은 물엿을 넣고 흰 설탕을 솔솔 뿌려 가면서 맑고 투명하게 조린 다음 건져 설탕을 묻혀 말린다.

재료 및 분량

생강 1근(400g)
물엿 2컵
설탕 $1\frac{1}{4}$컵

후식용 유자청

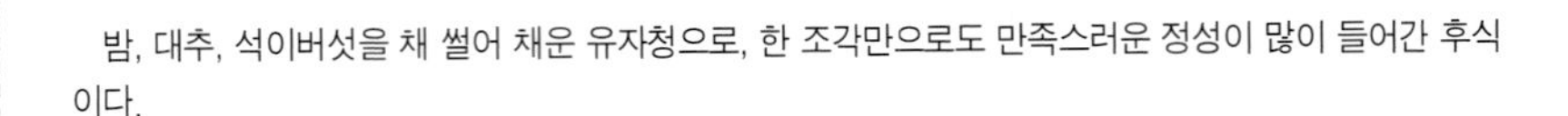

재료 및 분량

유자 3개
소금 3큰술
밤채 2컵
대추채 1컵
석이버섯채 2큰술
설탕 1/2컵
소금 1/2작은술
설탕시럽 4컵(설탕 4컵+물 3½컵)

유자청 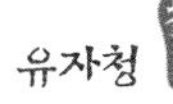

설탕시럽을 만들 때 1개월 이내에 먹을 유자청은 설탕과 물을 동량으로 하고, 2~3개월 보관할 유자청은 물보다 설탕의 양을 조금 더 많게 한다.

밤, 대추, 석이버섯을 채 썰어 채운 유자청으로, 한 조각만으로도 만족스러운 정성이 많이 들어간 후식이다.

【만드는 법】

一 유자는 표면을 소금으로 문질러 씻고 끓는 물에 잠깐 넣었다가 건져서 찬물에 씻어 식혀 둔다.

二 데친 유자는 밑면이 붙어 있도록 큰 것은 8등분, 작은 것은 6등분으로 칼집을 넣은 다음 속을 파내고 깨끗이 다듬는다.

三 꺼낸 유자 속을 4등분 하여 씨를 제거하고 밤채, 대추채, 석이버섯채, 설탕, 소금을 넣고 고루 버무린다.

四 끈적끈적해진 속 재료를 뭉쳐서 유자껍질 속에 넣고 오므려서 흐트러지지 않도록 두 손으로 꼭꼭 눌러 붙이며 동그랗게 유자 모양을 만든다.

五 유자껍질이 벌어져 내용물이 빠져나오지 않도록 두꺼운 무명실로 묶는다.

六 냄비에 설탕과 물을 넣고 젓지 않고 끓여서 설탕시럽을 만들어 둔다.

七 유리병에 실로 묶은 유자를 넣고 유자가 뜨지 않도록 시럽을 부은 후 뚜껑을 덮고 3~4주 정도 숙성시킨다.

八 먹을 때는 유자의 실을 풀고 등분한 조각대로 썬 다음 그릇에 담는다. 유자 절인 물과 찬물을 1 : 3의 비율로 섞어 리커 종류나 꼬냑을 한두 방울 떨어뜨려 그릇에 유자가 반쯤 잠기도록 붓고 차게 낸다.

음료용 유자청

유자를 저며 설탕에 재워 두었다가 유자가 들어가고 없는 철에 차로 이용한다. 속은 그대로 그릇 중앙에 담고 유자껍질과 배를 채 썰어 석류알과 함께 넣고 유자화채를 만들 수도 있다.

재료 및 분량

유자 10개(1~1.3kg)
설탕 동량(1~1.3kg)
소금 조금

【만드는 법】

一 유자는 표면을 소금으로 문질러 씻고 6등분 하여 껍질을 벗긴다. 유자 속은 3등분 하여 씨를 제거하고, 껍질은 칼로 저며 겉껍질과 속껍질을 분리한다.

二 유자 속과 껍질은 각각 설탕과 버무려 병에 꾹꾹 눌러 담아 냉장 보관하고 3일 이상 숙성시킨다.

三 유자차(속 절임)는 따뜻한 물이나 찬물을 넣어 음료로 이용하고, 유자청(껍질 절임)은 떡이나 한과, 기타 요리에 이용한다.

유자청 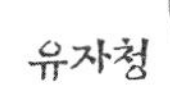

1년간 저장하는 유자청은 껍질과 속을 잘게 채 썰어 즙과 함께 그릇에 담고 시럽을 끓여 섞어 둔다.

오미자편
유자편

유자편

재료 및 분량
유자 속 다진 것 2컵
물 1컵
설탕 4큰술
녹두녹말 1/2컵
설탕 1/2컵

【만드는 법】

一 유자는 겹질을 얇게 벗기고 잘게 썬 후 유자 속 다진 것, 물, 설탕을 넣고 한 번 끓여 걸러서 유자청 3컵을 만들어 둔다.

二 유자청에 녹두녹말과 설탕을 섞고 되직한 풀을 쑤어 사각형 틀에 넣고 냉장 온도에서 굳힌 후 뒤집어 그릇에 담는다.

오미자편

삼월 삼짇날에 만들어 먹는 과편으로, 생실과나 한과와 함께 상에 올린다. 보통 말려 두었던 햇오미자를 이용하지만 최근에는 시판되는 오미자즙을 희석해서 만들기도 한다.

재료 및 분량
말린 오미자 1/2~1컵
물 4컵
녹두녹말 1/2컵
설탕 1컵
꿀 2큰술

【만드는 법】

一 말린 오미자는 하룻밤 물에 담가 두었다가 체에 밭쳐 우러나온 오미자국물을 받아 둔다.

二 냄비에 녹두녹말을 넣고 오미자국물을 조금씩 부어 섞은 후 설탕을 넣고 저으며 끓이다가 빽빽해지면 꿀을 넣어 잘 섞는다.

三 말갛게 되직해지면 1~2cm 두께의 틀에 넣어 굳힌 후 뒤집어 그릇에 담는다.

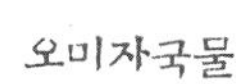

말린 오미자 1/2~1컵을 물 4컵에 하루 정도 담가 두면 3컵 분량의 오미자국물이 생긴다.

딸기편

재료 및 분량
삶은 딸기 4컵
설탕 1컵
녹말 1/2컵
꿀 2큰술
한천 · 물 조금

【만드는 법】

一 딸기는 깨끗이 씻고 삶아서 체에 걸러 둔다.

二 한천을 녹인 물에 녹말을 조금씩 섞어 걸쭉해지면 설탕을 넣고 저으면서 삶은 딸기를 넣고 약한 불에서 조린다. 풀과 같이 뻑뻑해지면 꿀을 섞는다.

三 조린 딸기가 투명한 젤리처럼 되면 틀에 넣어 굳힌 후 뒤집어 그릇에 담는다.

귤 란

【만드는 법】

一 귤껍질은 잘게 다져서 물 1컵을 넣고 끓여 부드럽게 만든다.

二 알맹이는 다져서 즙과 함께 귤껍질에 섞는다.

三 냄비에 귤껍질과 알맹이, 설탕을 넣고 끓이면서 조리다가 꿀을 고루 섞은 다음 녹말물을 넣어 되직하게 반죽을 만들어 식혀 둔다.

四 반죽을 밤톨 크기만큼 떼어 둥글게 빚은 다음 잣가루를 골고루 묻혀 보관한다.

재료 및 분량

귤껍질 100g(15개분)
귤알맹이 (2개분)120g
설탕 1컵
꿀 1큰술
소금 1/2작은술
녹말물(녹말 1큰술+물 1큰술)
잣가루 1/2컵

생강란

【만드는 법】

一 생강은 껍질을 벗기고 얇게 저미고 블렌더에 물을 1컵과 함께 곱게 간다.

二 블렌더에 간 생강은 잠시 두어 가라앉은 녹말 앙금을 따로 받아 둔다.

三 생강 건더기는 냄비에 물, 설탕과 함께 넣고 끓이면서 서서히 조린다.

四 물이 거의 졸아들면 꿀을 넣어 잠시 조리다가 따로 받아 둔 녹말을 섞고 되직하게 반죽을 만들어 식혀 둔다.

五 반죽을 떼어 생강 모양으로 빚고 잣가루를 골고루 묻혀 보관한다.

생강란

재료 및 분량

생강(大) 200g
물 $2\frac{1}{2}$컵
설탕 80g
꿀 2큰술
잣가루 1/2컵

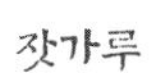

잣가루 參考

잣을 직접 가루로 만들 때는 치즈 가는 기구를 이용하면 쉽게 가루를 만들 수 있다.

레몬편

재료 및 분량

레몬 5개
물 2컵
설탕 $1\frac{1}{4}$컵
녹말 1/3~1/2컵
꿀 2큰술

레몬의 겉껍질과 즙을 이용하여 만드는 과편이다.

【만드는 법】

一 레몬은 겉껍질을 벗겨 내고 즙을 내어 물 2컵을 섞어 3컵 분량의 레몬즙을 준비한다.

二 레몬 껍질은 잘게 다져 놓는다.

三 냄비에 레몬즙을 넣고 설탕과 녹말을 섞어 약한 불에서 저으며 풀을 쑨다.

四 내용물이 투명하고 걸쭉해지면 꿀과 다진 레몬껍질을 함께 넣어 고루 섞으면서 익힌 뒤 틀에 넣어 굳힌 후 뒤집어 그릇에 담는다.

다래과편

【만드는 법】

一 키위는 껍질을 벗기고 납작하게 썰어 삶은 다음 체에 걸러 4컵 분량의 키위즙을 준비한다.

二 냄비에 설탕과 꿀을 넣어 한소끔 끓이다가 물에 갠 녹두녹말과 키위즙을 함께 섞고 끓인다.

三 되직해지면 2cm 두께의 사각형 틀에 넣어 굳힌 후 뒤집어 그릇에 담는다.

재료 및 분량

키위 6~7개
설탕 1컵
꿀 2큰술
녹두녹말 1/2컵
물 3~4큰술

감귤과편

껍질 벗긴 감귤을 다져 설탕을 넣고 잘 무르도록 끓인 후 체에 걸러 녹말을 넣고 다시 끓여 굳힌 과편이다.

【만드는 법】

一 감귤은 껍질을 벗기고 속을 뜯어 즙과 알갱이를 3컵 분량으로 준비한다.

二 준비한 감귤에 설탕을 넣고 녹말이 덩어리지지 않도록 잘 섞어 풀을 쑨다.

三 되직해지면 사각형 팬에 쏟아 굳힌 후 적절한 모양으로 썰어 여러 가지 과편과 함께 조금씩 담아 색을 맞춘다.

재료 및 분량

감귤 4개
설탕 1컵
녹말 1/2컵

감귤과편을 응고시킬 때 參考

녹말 대신 물에 한천을 넣고 묽게 끓인 것을 섞어도 좋다.

매실청

재료 및 분량
매실 2kg
설탕 2kg
소주 1컵

매실에 설탕을 넣어 만든 매실청은 색이 누렇고, 자소잎(차조기)을 넣어 만든 것은 붉은색이 된다. 걸쭉하고 진한 즙이지만 방안 온도에 그대로 두면 1년 뒤에는 색이 둔탁해진다. 일반 가정에서 5kg 정도의 매실청을 담그면 1년 동안 음료뿐만 아니라 찬을 만들 때도 충분히 이용할 수 있다.

【만드는 법】

一 매실은 상처나 썩은 곳이 없으며 살이 단단하고 통통한 것을 택하여 물에 신속히 씻고 채반에 건진다.

二 매실을 끓는 물에 살짝 데친 후 체에 밭쳐 물기를 빼고, 절일 때 즙이 나오도록 피크(pick)로 미리 구멍을 뚫어 병이나 항아리에 담는다.

三 병이나 항아리에 누렇게 색이 변한 매실과 설탕을 켜켜로 담고 윗부분에 설탕을 두껍게 덮어 뚜껑을 잘 덮는다. 일주일 정도 두면 즙이 빠져 나오기 시작한다.

四 3주 정도 더 두었다가 매실을 건진다. 즙은 병에 담아 서늘한 곳에 두고 물을 타서 음료로 마시거나 기타 음식에 이용한다.

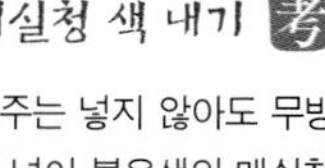

소주는 넣지 않아도 무방하며, 차조기를 넣어 붉은색의 매실청을 담글 경우에는 매실 2kg에 차조기 300g을 사용한다.

오미자청

10월 말~11월 초에 산에서 따거나 집에서 길러 수확한 신선한 오미자 열매를 말리기 전에 설탕을 넣고 만든 것이 오미자청이다. 색이 아주 곱고 맛이 좋아 찬 음료나 더운 음료 또는 음식을 만들 때 소스로 이용하면 편리하다.

재료 및 분량

오미자 열매 3kg

설탕 3~4kg

【만드는 법】

一 오미자 열매를 알알이 떼어 설탕을 넣고 고루 섞어서 유리병이나 플라스틱 병에 넣은 다음 오미자 위를 설탕으로 두껍게 덮고 뚜껑을 덮어 보관한다.

二 3주 정도 지나 즙이 빠져나와 걸쭉하고 새빨간 오미자청이 되면 위에 뜬 오미자 열매 건더기를 건져 내고 보관한다.

三 먹을 때는 물에 조금씩 타서 찬 음료나 화채로 쓰기도 하고, 겨울에는 뜨거운 물에 타서 잣을 띄워 건강음료로 이용한다.

굴 비

굴비는 굵고 싱싱한 참조기를 소금에 절였다가 바람과 습도가 적당하고, 햇볕이 잘 드는 곳에서 말려 구부러지지 않게 차곡차곡 놓고 무거운 돌로 꼭 눌러 두었다가 다시 말려야 결대로 잘 뜯기고 맛이 좋다. 굴비가 반쯤 말랐을 때 다시 연한 소금물에 살짝 씻어 말리면 더욱 오랫동안 보관할 수 있다.

재료 및 분량
참조기 10마리
소금 4컵

【만드는 법】

一 참조기를 물에 넣고 아가미 밑으로 손가락을 넣어서 내장과 조름을 떼어 내고 물에 흔들어 씻어 채반에 건져 물기를 없앤다.

二 조기의 아가미 속에 소금을 가득 넣고 조기가 보이지 않을 정도로 소금을 더 뿌려서(20% 정도) 일주일 동안 쌓아 두었다가 햇볕에 바싹 말린다(마른 간법).

생선자반

생선을 다듬고 소금에 절여 말린 생선을 말한다. 조기, 고등어, 정강이(아지)가 흔히 볼 수 있는 자반이며, 청어, 준치, 갈치, 가자미, 연어, 송어, 전어 등도 자반으로 만들어 이용한다.

【만드는 법】

一 생선자반은 먼저 생선의 아가미와 내장을 떼어 내고 소금물에 흔들어 씻은 후 비스듬한 곳에서 물기를 뺀다.

二 조기의 아가미 속에 소금을 가득 채워 넣고 켜켜이 소금을 더 넣어 2~3일 동안 절인다.

三 절인 생선을 베보자기에 싸서 무거운 것으로 눌러 하룻밤 두었다가 채반에 널어 뒤집어가며 말린다.

四 자반으로 만든 생선은 먹기 좋은 크기로 잘라 석쇠에 놓고 불에 직접 굽거나 번철에 구워 먹는다. 비교적 간단한 양념으로도 조리해 먹을 수 있으며, 양념 없이 그대로 이용하기도 한다.

꽁치 參考

경북의 구룡포와 강원도의 속초에서는 더운 여름을 제외하고 연중 어획량이 많기 때문에 냉장하기가 어려울 때 염장법을 이용하여 저장해서 먹는다.

어 란

어란은 민어알과 숭어알 두 종류가 있다. 암치를 만들 때 큰 민어의 배를 가르고 알을 상하지 않게 꺼낸 것이어야 좋은 어란이 된다. 성숙한 민어알은 알 자체가 또렷또렷하고 황갈색의 막으로 둘러싸였으며 어떠한 선도 없다.

재료 및 분량

민어알 6개
꽃소금 1되(1kg)

【만드는 법】

一 민어알은 생선에서 꺼내는 즉시 알이 보이지 않도록 소금에 파묻어 3일간 둔다.

二 알이 빳빳하고 단단하면 찬물에 담가 손바닥으로 위에서 아래쪽으로 쓸어가며 깨끗이 씻고 채반에 널어 이틀 정도 말린다. 이때 어란의 둥근 쪽을 아래로 두고 바늘로 구멍을 내어 물기가 빠져나가도록 한다.

三 말린 민어알은 다시 물에 1시간 정도 담갔다가 말려서 기름이 흐르고 윤택이 나도록 한다.

민어알 

민어알은 한 마리에 두 개씩 붙어서 나오므로 세 마리에서 총 여섯 개의 민어알이 나온다.

간장숭어란
소금숭어란

간장 숭어란

【만드는 법】

一 숭어란은 간장에 4~5일간 담가 간장이 스며들도록 둔다.

二 거무스름하게 간이 밴 숭어란을 채반에 건져 물기를 제거하고, 보자기에 싸서 반반하게 포개 놓고 무거운 것으로 눌러 둔다.

三 숭어란이 단단해지면 채반에 널어 일주일 정도 볕에 말리는데, 꾸덕꾸덕할 때 손으로 매만져 반듯하게 모양을 잡는다.

재료 및 분량
숭어란 5마리분
간장 2컵

소금 숭어란

어린 숭어로 만든 어란을 상품으로 친다. 소금을 뿌려서 하루 동안 절여 두었다가 빳빳해지면 모양을 반듯이 하여 채반에 놓아 말린다. 말리는 동안 겉면이 꾸덕꾸덕하게 되면 자주 뒤집어 손을 보아가며 반듯하게 말린다. 햇볕이 없는 저녁이 되면 걷어서 차곡차곡 재워 두었다가 낮에 다시 말리고, 습기가 적당히 있을 때 거두고 마르지 않도록 용기에 담아 냉장한다. 먹을 때 겉의 얇은 막이 거칠게 보이면 벗겨 내고, 매끈하면 그대로 얇게 저며서 참기름을 발라 그릇에 가지런히 담아 낸다.

【만드는 법】

一 숭어란은 소금을 뿌려서 빳빳해지도록 하루 동안 절인다.

二 절인 숭어란을 채반에 널어 햇볕에 말리고, 말리는 동안 겉면이 꾸덕꾸덕하게 되면 자주 뒤집어 주며 반듯한 모양을 만든다.

三 말린 숭어란은 햇볕이 없는 저녁에 걷어 차곡차곡 재워 두었다가 낮에 다시 말리고, 습기가 적당히 남아 있을 때 거두어 밀폐용기에 담아 냉장 보관한다.

四 먹을 때는 겉의 거친 막이 있으면 벗겨 내고 얇게 저며서 참기름을 바른다.

재료 및 분량
숭어란 5마리분
소금 1되(1kg)

암치_민어자반

암치는 민어를 포 뜨듯이 배 쪽으로 갈라 내장을 빼내고 소금에 푹 절여 말린 것이다. 민어를 절일 때는 웃소금을 두껍지 않도록 덮어야 하며, 등 쪽을 반으로 갈라 만들기도 한다. 마른 암치는 살은 곱게 부풀려 보푸라기를 만들어서 참기름을 넣고 무침으로 만들어 먹는다. 대가리나 등뼈, 지느러미, 꼬리 부분 등은 크게 토막을 내어 무왁저지를 만들 때 같이 넣고 끓여서 간장이나 장 대신으로 이용하면 좋다.

재료 및 분량

민어 1마리
소금 1½되(1.5kg)

【만드는 법】

一 민어는 등 쪽을 반으로 갈라 내장을 제거하고 소금에 절인 다음 높은 곳에 매달아 바람에 말린다.

二 꾸덕꾸덕하게 마른 민어는 판판하게 펴서 무거운 도마나 맷돌 같은 것으로 눌러 놓았다가 다시 말린다.

三 먹을 때는 암치보푸라기로 참기름 양념을 하여 무치거나 대가리, 뼈, 지느러미, 꼬리 부분을 토막 내어 무왁저지에 넣고 같이 끓여서 간장이나 장 대신으로 이용한다.

민어 말리기 

절인 민어를 말릴 때는 날벌레가 꼬이지 않도록 망으로 된 자루에 넣어 높이 매달아 바람을 쏘이도록 한다.

어 포_대구포 · 민어포

민어나 대구, 숭어류의 살을 육포 뜰 때와 같이 저며서 맛 좋은 진간장에 설탕, 생강즙, 깨소금, 후춧가루를 섞어 양념장을 만들고 포뜬 생선을 넣고 주물러서 채반에 널어 말린다. 바싹 마르기 전에 뒤집어주고 꾸덕꾸덕해지면 차곡차곡 포개서 무거운 것으로 눌러 판판하게 마르도록 손질한다.

대구포와 민어포는 소금만을 약하게 뿌려 볕에 말리는 방법과 살을 여러 조각으로 포 떠서 양념장에 무쳐 만드는 방법이 있다.

【만드는 법 1】

一 대구나 민어는 싱싱한 것을 골라 내장을 꺼내어 따로 두고 반으로 갈라서 넓게 편다.

二 소금을 약하게 고루 뿌려 볕에 바싹 말린다.

三 먹을 때는 껍질을 벗기고 얄팍하게 찢어 기름에 살짝 볶거나 고추장을 찍어 먹기도 한다.

【만드는 법 2】

一 간장, 설탕, 파, 마늘, 참기름을 섞어 양념을 만들어 둔다.

二 대구나 민어는 크고 도톰하게 포를 떠서 양념장을 고루 바른다.

三 양념 바른 포에 통깨와 실고추를 뿌리고 채반에서 말리다가 꾸덕꾸덕해지면 뒤집어서 바싹 말린다.

재료 및 분량

대구살 또는 민어살 1마리분

양념장

간장 3큰술
설탕 2큰술
다진 파 1큰술
다진 마늘 1큰술
참기름 3큰술
볶은 통깨 2큰술
실고추 조금

가오리포 

겨울철에 가오리의 내장을 꺼내 버리고 껍질을 벗겨서 소금물에 살짝 씻은 다음 소금에 절인다. 이것을 바람이 잘 통하는 서늘한 곳에 통째로 널었다가 햇볕에 말린다. 가오리가 꾸덕꾸덕하게 마르면 망에 넣어 매달아 두고 이용하거나 4~5조각으로 크게 토막 내어 한 조각씩 쌓아서 냉동 보관한다.

제 8 장

기타 저장식품

제 8 장

기타 저장식품

우리 생활에서 전통저장식품 외에 수시로 쓰이고 있는 저장식품으로 피클, 잼, 젤리, 요구르트, 소스 등이 있다. 이들은 20세기 들어와서 우리나라에 유입되었으나 최근 서양 음식의 퓨전화로 일반 가정에서도 전통음식과 같이 많이 이용되고 있다.

보통 엿이나 묵 · 두부는 상품화된 것을 구입하지만 일반 가정에서도 손쉽게 만들 수 있는 저장식품이므로 이 장에서 잼, 피클, 소스류와 함께 설명하고자 한다.

(1) 잼

잼(jam)은 과일에 다량의 설탕을 넣고 약한 불로 조려 만든 식품이다. 점성이 강하며, 고농도의 당분이 미생물의 성장발육을 저지하여 장기간 보존이 가능한 저장식품이다.

잼을 만들기 위해서는 펙틴(pectin) · 설탕 · 산(신맛)의 세 가지 물질이 적당량 어우러져야 하는데, 펙틴은 1.0~1.5%, 당은 60~65%, pH는 3.5% 정도가 가장 적합한 조건이다. 덜 익었거나 지나치게 익은 과일은 펙틴 함량이 적기 때문에 응고가 잘 일어나지 않으며, 농익지 않은 신선한 과일로 잼을 만드는 것이 가장 좋다.

잼을 만들 때는 설탕을 충분히 넣어 65% 이상 당분이 유지되도록 하고, 신맛이 부족할 경우 레몬주스를 조금 더 넣어서 향과 신맛을 증가시킬 수도 있다. 또한 과일이 너무 익으면 펙틴이 부족하기 쉬우므로 가루로 만들어진 펙틴을 물에 녹여서 섞도록 한다.

잼을 끓여서 응고시킬 때 덜 조리면 너무 묽어져 저장성이 약해지고, 지나치게 조리면 너무 굳어서 바르기 힘들어져 좋은 제품이라 할 수 없기 때문에 주의해야 한다.

(2) 피 클

초절임은 채소와 과일에 산, 염, 설탕, 향신료 등을 사용하여 맛과 저장성을 증가시키는 화학적인 방법에 의한 저장법이다. 채소나 과일뿐 아니라 육류, 어류 등도 이 방법으로 저장할 수 있다. 산(酸, 식초)의 농도는 4～6%가 적당하다.

당과 향채(Herbs), 시나몬, 셀러리 시드, 머스터드, 머스터드 시드, 딜 등의 향신료를 같이 이용하기도 한다.

맛에 따른 분류

- **단맛이 있는 피클** : 식초, 초산을 이용하여 만든다.
- **단맛이 없는 피클** : 일정기간 동안 숙성하여 젖산균의 작용으로 발효를 일으켜 맛과 저장성을 좋게 한다. 딜피클과 사워크라우트가 대표적이다.

염의 농도에 따른 분류

- 4～5% : 젖산균의 번식을 억제함으로써 부패를 방지한다.
- 3～4% : 25～30℃ 일 때는 발효속도가 빠르다.
- 5～6% : 발효속도가 느리다.
- 7% **이상** : 발효속도가 느리기 때문에 발효에 해로운 잡균이 번식하게 된다.

(3) 간장 · 된장 · 고추장을 이용한 소스

우리나라 고유한 조미료인 간장, 된장, 고추장을 이용하여 세계인의 입맛에 맞는 소스를 개발할 수 있다. 조미료인 식초, 기름, 파, 마늘 외에 매실청, 유자청, 오미자청을 이용하고 방아잎, 시소, 자소, 로즈마리와 같은 향초와 과일을 이용하여 많은 종류의 소스를 만들 수 있다.

(4) 엿

설탕이 생산되기 이전부터 조청(물엿)은 음식을 만드는 데 감미의 조미료로 사용되었다.

쌀엿은 누런색의 끈적거리는 단맛 조미료로, 음식의 윤기와 저장성을 높이는 데 많이 쓰였다. 또 물엿을 더 조려서 갱엿으로 만들고 이것을 따뜻하게 하여 두 사람이 마주잡고 엿을 늘려 갈색이 점점 하얗게 되면 가늘고 길게 켜서 적당한 길이로 잘라 간식이나 한과와 같이 쓰이는 엿을 만들기도 하였다.

딸기잼

재료 및 분량
딸기 500g
설탕 350g
레몬즙 2큰술

【만드는 법】
一 딸기는 물에 씻어 소쿠리에 건져 꼭지를 떼어 내고 물기를 뺀다.
二 냄비에 딸기를 담고 설탕을 고루 섞어 설탕이 녹을 때까지 그대로 둔다.
三 유리병은 깨끗이 씻어 찜통에 찌거나 뜨거운 물에 끓여 소독한 뒤 행주로 닦지 말고 그대로 엎어 두어 물기를 제거한다.
四 딸기에 레몬즙을 넣고 중불에서 서서히 끓여 잼을 만든다.
五 소독한 유리병에 뜨거운 잼을 담고 식으면 뚜껑을 덮어 시원하고 건조한 곳에 보관한다.

잼 완성도 확인법 

찬물이 담긴 흰 대접에 잼을 떨어뜨려 보아 흐트러지지 않고 건드려도 풀어지지 않으며 말랑말랑한 상태를 유지하면 잼이 완성된 것이다. 이때 잼이 딱딱해지면 지나치게 조린 것이다.

사과생강잼

재료 및 분량
사과 3개(450g)
생강 1톨(10g)
물 2컵
레몬즙 4큰술
설탕 450g
마른 생강편 40g

【만드는 법】
一 사과는 깨끗이 씻어 껍질을 벗기고 씨를 도려낸 후 잘게 썬다.
二 생강은 곱게 다진다.
三 냄비에 물, 사과, 다진 생강, 레몬즙, 생강편을 넣어 부드럽게 끓이다가 설탕을 넣고 낮은 불에서 녹인 후 센 불에서 조려 잼으로 만든 후 병에 담는다.

마멀레이드

【만드는 법】

一 오렌지는 절반으로 잘라 즙을 짜낸 후 껍질을 겉껍질과 속껍질로 나누어 노란색의 겉껍질은 2~3cm로 가늘게 채 썰고, 속껍질은 물을 부어 중불에서 끓여 건더기는 걸러 버리고 물을 받아 둔다.

二 두꺼운 냄비에 오렌지즙, 채 썬 겉껍질, 속껍질 우려낸 물, 설탕, 레몬즙을 섞고 오렌지 껍질이 투명해질 때까지 중불에서 끓인다.

三 찬물에 떨어뜨려 보아 완성도를 확인한 후 소독한 병에 담아 보관하며 먹는다(완성품 약 1.2kg).

재료 및 분량

바렌시아 오렌지 또는 세이빌 오렌지(쓴맛 오렌지) 2~3개(450g)
스위트 오렌지 1개
물 4컵
설탕 600g
레몬즙 2큰술

마멀레이드 

- 마멀레이드를 중불에서 끓일 때 오렌지 껍질이 투명해지면서 액상도 잼처럼 되기 때문에 타지 않고 응고되도록 잘 저어가며 만들어야 한다.
- 레몬 2개, 오렌지 1개, 자몽 1개의 껍질을 채 썰어 물 6컵과 설탕 450g을 섞어 넣고 만들 수도 있다.
- 우리나라에서 쉽게 구할 수 있는 오렌지를 이용해도 된다.

포도젤리

재료 및 분량
포도주스 4컵
설탕 4~7컵
펙틴가루 2작은술
물 2큰술

포도젤리는 잼과 같이 빵이나 과자를 발라 먹는 데 이용하는 것으로, 과육이 포함되지 않은 과즙에 설탕을 넣어 조린 식품이다.

【만드는 법】

一 포도 1.8kg에 물 4컵을 넣고 1시간 정도 끓여 포도주스를 만든 후 채에 걸러서 액만 받아 둔다.

二 냄비에 포도주스와 설탕을 넣고 끓인다.

三 펙틴가루를 물에 넣고 불린 후 냄비에 함께 넣어 끓인다.

四 잼을 찬물에 떨어뜨려 보아 말랑말랑하게 굳으면서 흐트러지지 않으면 불을 끄고 뜨거울 때 소독한 병에 담아 보관하며 이용한다.

오이피클

달고 신맛이 강한 피클로, 고기를 먹을 때나 샐러드를 만들 때, 튀긴 닭고기 요리에 많이 이용된다. 맵거나 짜지 않기 때문에 남녀노소 부담 없이 즐길 수 있다.

【만드는 법】

一 오이는 소금물에 24시간 동안 절였다가 물기를 제거하고 항아리에 담는다.

二 냄비에 물, 식초, 피클용 향신료, 계피, 생강편, 통후추, 정향을 넣고 15분 정도 끓이다가 설탕을 녹여 양념절임물을 만든다.

三 양념절임물에 소금물을 넣고 다시 5~10분 정도 끓인 후 잠시 식혀 항아리에 끼얹는다.

四 오이가 물에 뜨지 않도록 무거운 돌로 눌러 둔다.

재료 및 분량

저킨오이(小) 1kg
소금물(소금 3큰술+물 1컵)

양념절임물
물 3컵
식초 2컵
설탕 1컵
피클용 향신료 10g
계피 조각 10g
생강편 10g(1톨)
통후추 20알
정향 6알

조선오이피클

재료 및 분량
조선오이 10개
소금물(소금 50g+물 2컵)

양념절임물
식초 3컵
설탕 $1\frac{1}{2}$컵
레몬 껍질 1/2개
피클용 향신료 1~1.5큰술
딜 씨 1작은술
올스파이스 10알
월계수잎 2장
통후추 10개
고수씨 2작은술

조선오이를 쪼개어 소금물에 잘 절였다가 식초, 설탕 등을 넣고 끓여서 식힌 다음 숙성시켜 먹는 음식이다.

【만드는 법】

一 조선오이는 반으로 잘라 길게 가르고 씨를 도려낸 후 소금물에 8시간 또는 하루 저녁 절인다.

二 두꺼운 냄비에 분량의 재료를 넣고 낮은 불에서 끓이다가 끓어오르면 센 불로 9분간 더 끓여 양념절임물을 만든다.

三 절인 오이는 물기를 제거하여 병에 차곡차곡 담고 뜨거운 양념절임물을 부어 식힌다.

四 식힌 병은 뚜껑을 닫고 건조하고 서늘한 곳에서 6주 동안 숙성시킨다.

서양 양배추김치_사워크라우트

양배추를 싱겁게 절여서 발효시킨 독일식 김치로, 피클과 더불어 세계에 널리 알려져 있는 대표적인 서양 김치이다. 맵지 않은 채소 요리로, 소시지와 함께 즐겨 먹는다.

큰 나무통에 채 썬 흰 양배추를 소금과 켜켜로 담아 깨끗한 천으로 덮고 무거운 것으로 눌러 뚜껑을 덮은 채 3~4주 정도 발효시켜 만든다. 향신료와 약초를 넣어 맛을 낼 수 있고, 오지그릇이나 유리병에 담아 저장한다. 소금 농도가 3%를 넘지 않도록 해야 하는데, 소금 농도를 3%로 계량할 경우 물을 넣어 전체 농도가 2.2~2.5%가 되도록 한다.

재료 및 분량

양배추 1통(3~4kg)
천일염 5큰술
마늘 1통
생강 1톨
소금물(소금 1큰술+물 2컵)

【만드는 법】

一 양배추는 겉잎을 떼어 내고 잘라 속심을 빼낸 후 2mm 두께로 채 썬다.
二 마늘과 생강은 편으로 썬다.
三 채 썬 양배추에 마늘편, 생강편을 고루 섞고 간수가 빠진 천일염을 고루 섞어 15분 정도 절인다.
四 절인 양배추를 병 입구에서 10cm 아래까지 꼭꼭 눌러 담는다.
五 양배추 위에 면포나 랩을 덮고 양배추가 뜨지 않도록 무거운 돌로 눌러 놓은 후 소금물이 병의 3cm 정도 차도록 붓는다.
六 서늘한 곳에서 맛이 들도록 익힌다.

양배추피클

흰색과 적색의 양배추가 어우러져서 알록달록 색이 고운 피클이며, 일주일 정도 숙성시키면 적양배추 물이 우러나와 붉은 빛깔의 양배추피클이 된다.

재료 및 분량

양배추 1/2통(700g)
적양배추 1/4통(200g)
연한 소금물(소금 100g+물 1L)
마늘 2쪽
생강 1/2쪽

양념절임물

물 2컵
식초 2/3컵
설탕 2/3컵
소금 1½큰술
피클용 향신료 1큰술

【만드는 법】

一 양배추와 적양배추를 너비 1cm, 길이 7cm로 썬 다음 연한 소금물에 2~3시간 절였다가 물기를 제거한다.

二 냄비에 물과 피클용 향신료를 넣고 중불에서 10분 정도 끓여 우려 내고 설탕과 식초, 소금을 섞어 양념절임물을 만든다.

三 마늘과 생강은 껍질을 벗겨 편으로 썰고, 양배추 절인 것과 함께 섞어 피클병에 담는다.

四 양념절임물이 뜨거울 때 병에 붓고 식으면 뚜껑을 덮어 보관한다.

콜리플라워피클

【만드는 법】

一 콜리플라워는 먹기 좋은 크기로 잘게 잘라 소금물에 8시간 정도 절여 두었다가 건져 뜨거운 물로 한 번 헹구고 물기를 제거한다.

二 청양고추를 토막 내어 절여진 콜리플라워에 섞고 병에 차곡차곡 담는다.

三 냄비에 설탕과 식초를 제외한 분량의 재료를 넣고 중불에서 10~15분간 끓이다가 설탕과 식초를 섞고 한소끔 더 끓여 양념절임물을 만든다.

四 콜리플라워와 청양고추가 담긴 병에 뜨거운 양념절임물을 붓고 식힌 후 뚜껑을 덮고 서늘한 곳에서 보름 동안 숙성시킨다.

재료 및 분량

콜리플라워 1kg
소금물(소금 1/2컵+물 1L)
붉은 청양고추 5개

양념절임물

물 2컵
식초 $1\frac{1}{2}$컵
설탕 $1\frac{1}{3}$컵
월계수잎 2장
계피 1조각
통후추 10개
정향 5알
올스파이스 5알
피클용 향신료 1큰술
고수씨 1작은술

간장소스
된장소스
고추장소스

간장소스

잡채 또는 신선한 샐러드에 이용하며, 초간장 대신 이용해도 짜지 않아 좋다.

【만드는 법】

一 모든 재료를 섞어 만든다.

재료 및 분량

간장 4큰술
식초 4큰술
간 배 4큰술
설탕 3큰술
맛술 2큰술
참기름 2큰술

단맛 간장소스

주로 찐 감자가 들어간 샐러드류에 얹어 먹는다.

【만드는 법】

一 모든 재료를 섞어 만든다.

재료 및 분량

간장 3큰술
맛술 3큰술
꿀 2큰술
식초 2큰술
참기름 1큰술
물 3큰술
시럽 1큰술

찍어 먹는 간장소스

입맛을 돋우어 주고 열량이 적은 소스이다. 땅콩버터를 많이 넣으면 농도가 되직해지므로 찍어 먹기 좋다.

【만드는 법】

一 모든 재료를 섞어 만든다.

二 먹을 때는 오이, 당근, 셀러리, 무, 피망 등을 길게 썰어 그릇에 담아 소스와 함께 낸다.

재료 및 분량

간장 2큰술
땅콩버터 2큰술~1/2컵
꿀 2큰술
타바스코소스 1큰술
다진 고추 1큰술
레몬즙 2작은술
소금 1/4작은술
후추 1/8작은술

다진 고추 간장소스

다진 고추 간장소스

스파게티나 국수, 밥에 넣는 등 주로 비빔요리에 이용하며, 다진 양파, 다진 고추가 들어가므로 씹는 맛이 좋다. 양파와 고추를 다지지 않고 잘게 썰어 넣으면 씹는 맛을 더할 수 있다.

【만드는 법】

一 모든 재료를 섞어 만든다.

재료 및 분량

간장 5큰술
식초 4큰술
다진 양파 2큰술
다진 붉은 고추 3큰술
다진 풋고추 3큰술
맛술 또는 다시마물 3큰술
설탕 3큰술
레몬즙 2큰술
참기름 1큰술
깨소금 1큰술

오렌지 간장소스

【만드는 법】

一 오렌지는 즙을 내고(4큰술), 겉껍질을 강판에 갈거나 다져 놓는다(1작은술).

二 올리브유와 현미식초를 섞어 프렌치드레싱을 만든다.

三 냄비에 간장, 설탕, 다시마물, 다진 양파를 넣고 끓여 걸쭉한 간장소스를 만든다.

四 오렌지즙과 다진 오렌지껍질, 프렌치드레싱, 간장소스에 나머지 재료를 섞는다.

五 먹을 때는 닭고기, 돼지고기 튀김이나 구이에 곁들이면 좋다.

재료 및 분량

오렌지 1개
올리브유 8큰술
현미식초 2큰술
생크림 1작은술
소금 1/2작은술
후춧가루 1/4작은술
간장 1큰술
설탕 1큰술
다시마물 2큰술
다진 양파 2작은술

오미자 간장소스

재료 및 분량

오미자청(설탕 포함) 4큰술
간장 1큰술
올리브유(또는 포도씨유) 3큰술
식초 2큰술
소금 조금
배 1/5쪽
사과 1/5쪽

【만드는 법】

一 기름과 식초, 소금을 넣고 잘 섞은 후 오미자청과 간장을 넣어 섞어 준다.

二 배와 사과는 껍질을 벗기고 아주 잘게 깍둑썰기 하여 一에 섞어 여러 가지 샐러드에 뿌려 먹는다.

매운 간장소스

재료 및 분량

간장 4큰술
레몬주스 4큰술
식초 2큰술
다진 붉은 청양고추 2큰술
다진 실파 1큰술
다진 마늘 1작은술
다진 생강 1작은술
설탕 1큰술
고추기름 1큰술
참기름 1/2작은술
통깨 1작은술

청양고추와 고추기름을 이용하여 매콤한 맛을 더한 간장소스이다.

【만드는 법】

一 모든 재료를 섞어 만든다.

二 먹을 때는 여러 가지 채소나 생선요리에 곁들인다.

생강피클 간장소스

색이 변하기 쉬운 소스이므로 만들어 오랫동안 보관하지 않도록 한다.

재료 및 분량

간장 2큰술
올리브유 4큰술
다진 사과 2큰술
레몬즙 2큰술
다진 오이피클 1큰술
다진 양파 1큰술
다진 마늘 1작은술
다진 생강 1작은술
다진 파슬리 1작은술

【만드는 법】

一 모든 재료를 섞어 만든다.

二 먹을 때는 감자, 고구마, 국수 등에 곁들인다.

꿀을 넣은 간장소스

꿀을 넣어 맛이 달콤한 소스이다.

재료 및 분량

간장 2큰술
올리브유 4큰술
사과 식초 4큰술
다진 양파 2큰술
꿀 2큰술
레몬주스 1큰술
소금 1/2작은술
후추 1/4작은술

【만드는 법】

一 모든 재료를 섞어 만든다.

二 먹을 때는 감자, 떡, 빵 종류에 곁들인다.

볶음요리용 된장소스
마요네즈 된장소스
피넛버터 된장소스

된장소스

들깻가루와 땅콩버터를 이용한 된장소스로, 고소한 맛이 난다. 주로 나물무침에 이용한다.

재료 및 분량

된장 2큰술
들깻가루 2큰술
땅콩버터 1큰술
식초(레몬즙) 1~2큰술
맛술 2큰술
설탕 또는 꿀 1큰술
물 1큰술

【만드는 법】

一 모든 재료를 섞어 만든다.

단맛 된장소스

설탕과 맛술을 넣어 단맛이 나는 된장소스이다.

재료 및 분량

된장 3큰술
식초 3큰술
설탕 3큰술
물 1큰술
생강즙 1작은술
참기름 1작은술
맛술 1/2작은술
후춧가루 조금

【만드는 법】

一 모든 재료를 섞어 만든다.
二 먹을 때는 빵에 잼 대신 발라 먹는다.

볶음요리용 된장소스

볶음요리용 된장소스

【만드는 법】

一 돼지고기는 얇게 편으로 썰거나 채 썬다. 마늘은 편 썰고, 대파와 생강은 다져 놓는다.

二 팬에 기름을 두르고 마늘을 볶아 향을 낸 후 된장과 춘장을 넣고 고소한 향이 나도록 볶아 둔다.

三 녹말가루와 물을 섞어 녹말풀을 만들어 둔다.

四 편으로 썬 돼지고기에 다진 파, 다진 생강을 함께 넣고 볶다가 二를 섞어 넣고 녹말풀을 부어 걸쭉하게 소스를 만든다.

五 먹을 때는 가지, 양파 등 각종 채소 볶음에 넣는다.

재료 및 분량

돼지고기 50g
된장 1/3컵
춘장 1/3컵
대파 1뿌리
마늘 2쪽
생강 1/3톨
채종유 2큰술
녹말가루 1큰술
물 4큰술
각종 채소 적량

생선용 된장소스

비린내가 많이 나는 생선에 이용하는 된장소스이다.

【만드는 법】

一 모든 재료를 섞어 만든다.

二 먹을 때는 배를 가른 생선에 발라 재웠다가 간이 들 때 구워 반찬으로 사용한다.

재료 및 분량

된장 1큰술
맛술 1큰술
다시마물 1큰술

마요네즈 된장소스

마요네즈 된장소스

마요네즈 대신에 샐러드 드레싱용으로 이용할 수 있는 소스이다.

재료 및 분량
마요네즈 4큰술
된장 4큰술
맛술 1큰술
식초 1큰술
설탕 1큰술
참기름 1/2작은술

【만드는 법】
一 모든 재료를 섞어 만든다.
二 먹을 때는 기호에 따라 참기름을 넣지 않기도 한다.

피넛버터 된장소스

재료 및 분량
껍질 벗긴 볶은 땅콩 2컵
된장(왜된장) 1컵
물 1~2컵
꿀 1/4컵
소금 조금

【만드는 법】
一 모든 재료를 블렌더에 모두 넣고 곱게 갈아 만든다.
二 먹을 때는 찌개용이나 무침용으로 사용한다.

무침용 된장소스

재료 및 분량
된장 4큰술
물 또는 육수 4큰술
멸치가루 2큰술
다진 파 1큰술
다진 마늘 2작은술
고춧가루 1큰술
설탕 1큰술
참기름 1큰술

멸치가루를 넣었으므로 우거지나 시래기 등의 나물에 양념으로 사용하기 좋다.

【만드는 법】

一 모든 재료를 섞어 만든다.

二 먹을 때는 우거지나 시래기 등의 나물에 양념으로 사용한다.

쌈장용 된장소스

【만드는 법】

一 다진 쇠고기를 기름에 볶다가 된장과 나머지 재료를 모두 넣고 볶는다.

二 먹을 때는 쌈장으로 사용하거나 여러 가지 채소볶음, 찜요리에 넣는다.

재료 및 분량

다진 쇠고기 80g
된장 1/2컵
다진 파 2큰술
다진 마늘 1큰술
식초 1~2큰술
올리브유 1큰술
설탕 1큰술
통깨 1큰술
소금 1/4작은술
실고추 조금

마요네즈 고추장소스
올리브유 고추장소스
초고추장소스

마요네즈 고추장소스

【만드는 법】

一 고추장과 매운 핫소스, 식초를 먼저 섞은 다음 마요네즈를 함께 넣어 섞는다.

二 레몬주스와 다진 피클을 넣어 맛을 더한 후에 소금과 후춧가루를 섞는다.

재료 및 분량

고추장 1큰술
핫소스 1큰술
식초 2큰술
마요네즈 1~2컵
레몬주스 1큰술
다진 피클 적량
소금 1/2작은술
후춧가루 1/8작은술

올리브유 고추장소스

올리브유가 넉넉히 들어가 생채소 요리와 잘 어울리는 소스이다.

【만드는 법】

一 모든 재료를 섞어 만든다.

二 먹을 때는 초고추장 대신 사용하거나 생채소 요리에 뿌린다.

재료 및 분량

고추장 1큰술
올리브유 6큰술
식초 4큰술
설탕 1큰술
다진 마늘 1작은술
레몬주스 1작은술
통깨 1작은술
후춧가루 조금

초고추장소스

레몬이 들어가 상큼한 맛을 내며, 초고추장으로 사용한다.

【만드는 법】

一 모든 재료를 섞어 만든다.

二 먹을 때는 회나 데친 채소를 찍어 먹는다.

재료 및 분량

고추장 2큰술
식초 1큰술
설탕 1큰술
레몬즙 1작은술
통깨 1작은술

매콤 고추장소스

재료 및 분량

고추장 1큰술
다진 붉은 고추 1~2개
다진 레몬껍질 4큰술
레몬주스 1/2컵
파슬리 4큰술
오레가노 1큰술
다진 마늘 1작은술
설탕 · 소금 조금

식초 대신에 레몬을 사용한 고추장소스로, 초고추장 대신 사용한다.

【만드는 법】

一 모든 재료를 섞어 만든다.
二 먹을 때는 생선구이, 오징어숙회에 곁들이거나 익힌 채소요리에 이용한다.

토마토 고추장소스

비빔국수에 사용하면 좋다.

재료 및 분량

토마토소스 1컵
올리브유 3큰술
고추장 2큰술
다진 양파 2큰술
레몬즙 1큰술
소금 1/2작은술
후춧가루 1/8작은술
잘게 뜯은 파슬리 또는 송송 썬 파 2작은술
파르메산 치즈 1큰술

【만드는 법】

一 모든 재료를 섞어 만든다.

二 먹을 때는 취향에 따라 파르메산 치즈를 넣기도 한다.

고추장소스

재료 및 분량
올리브유 6큰술
약고추장 1~2큰술
칠리소스 1큰술
다진 파 2큰술
식초 2큰술
설탕 1/4작은술
소금 1/2작은술

올리브유를 넣어 윤기를 더하고 매운맛을 더하기 위해 칠리소스를 섞는 고추장소스이다. 식초는 생선의 살을 단단하게 하므로 생선요리에 이용하면 좋다.

【만드는 법】
一 모든 재료를 섞어 만든다.
二 먹을 때는 생선구이에 이용한다.

발사믹 고추장소스

재료 및 분량
올리브유 4큰술
고추장 2큰술
발사믹 식초 2큰술
다진 파슬리 1작은술
레몬주스 1작은술
소금 1/2작은술
후춧가루 조금

올리브유와 고추장, 색이 진한 발사믹 식초를 섞은 걸쭉한 소스이다. 파슬리를 넣어 향이 좋으며 매콤하다.

【만드는 법】
一 모든 재료를 섞어 만든다.
二 먹을 때는 묽은 초고추장 대신 사용한다.

크림 고추장소스

재료 및 분량
사워크림 4큰술
화이트소스 4큰술
고추장 2큰술
풋고추 썬 것 1큰술
붉은 고추 썬 것 1큰술
발사믹 식초(또는 레드와인) 1큰술
레몬즙 1작은술
소금 1/2작은술
후춧가루 조금

【만드는 법】
一 사워크림과 화이트소스를 먼저 되직하게 섞어 놓고 고추장을 더 섞어 색이 붉어지도록 한다.
二 소스에 풋고추와 붉은 고추를 잘게 썰어 넣고 발사믹 식초를 더 넣은 후 레몬즙과 소금, 후춧가루로 맛을 낸다.
三 먹을 때는 채소샐러드나 익힌 감자에 섞는다.

잣가루 고추장소스

【만드는 법】

一 모든 재료를 섞어 만든다.

二 먹을 때는 주로 비빔국수에 이용하며, 오이나 단무지 채 썬 것을 얹어 내면 맛을 더할 수 있다.

재료 및 분량

잣가루 4큰술
고추장 3큰술
설탕 3큰술
식초 2큰술
소금 1/2작은술
후춧가루 조금

참깨버터소스

참깨버터소스

【만드는 법】

一 볶은 통깨는 곱게 갈아서 체에 내려 고운 깻가루를 받아 둔다.

二 꿀에 고운 깻가루 2큰술, 소금, 바닐라향을 넣고 물량을 조절하며 고루 섞는다.

三 먹을 때는 버터나 땅콩버터 대신 이용한다.

재료 및 분량

볶은 통깨 1컵
꿀 1/4컵
물 1컵~2/3컵
소금 1/4작은술
바닐라향 조금

호두소스

【만드는 법】

一 호두를 대충 다진 다음 블루치즈와 사워크림을 넣어 뻑뻑하게 섞는다.

二 생크림과 올리브유를 함께 넣고 묽게 만들다.

三 먹을 때는 양배추나 상추, 배추를 조각내어 가볍게 무친다.

재료 및 분량

다진 호두 1/2컵
블루치즈 1/2컵
사워크림 2큰술
생크림 2큰술
올리브유 1½큰술

두부드레싱

【만드는 법】

一 사과는 껍질을 벗기고 적당한 크기로 썬다.

二 블렌더에 사과, 마늘, 레몬즙, 올리브유를 넣고 갈다가 두부, 소금, 후춧가루를 넣어 다시 한 번 간다.

三 먹을 때는 여러 가지 채소와 토마토, 감자 등 식사 대용 샐러드에 이용하면 좋다.

재료 및 분량

사과 2개
마늘 2쪽
레몬즙 3큰술
올리브유 1큰술
두부 1/4모(50~80g)
소금 · 후춧가루 조금

엿

재료 및 분량

찹쌀 1말(8kg)
엿기름 2되(800g)
따뜻한 물 2말(20L)

찹쌀이나 좁쌀로 고두밥을 지어 엿기름을 갈아서 섞어 삭힌다. 이 물을 자작하게 넣고 밥알이 잘 삭으면 자루에 넣어 짜서 그 물을 솥에 넣고 서서히 곤다.

【만드는 법】

一 찹쌀을 하루 정도 물에 담가 불렸다가 시루에 쪄 낸다.
二 항아리에 따뜻한 찐 쌀과 엿기름을 같이 넣고 40~50℃의 따뜻한 물을 부은 후 뚜껑을 닫고 이불을 덮어 8~9시간 정도 둔다.
三 쌀이 삭아 껍질만 남으면 삼베자루에 담아 꼭 짠다.
四 단맛이 나는 물을 큰 솥에 넣어 1/3 정도 남을 때까지 졸인다. 물엿이 되면 조청으로 이용하고, 더 졸여 갱엿(갈색엿)으로도 쓴다.

호박엿

재료 및 분량

늙은 호박 3개(20kg)
보리쌀 1kg
엿기름 1되(400g)
물 6L

【만드는 법】

一 둥근 모양의 늙은 호박을 날로 썰어 씨를 제거하고 잘게 썬다.
二 보리쌀로 밥을 짓고 따뜻할 때 엿기름과 썰어 놓은 호박을 섞는다.
三 여기에 물을 충분히 부어 따뜻한 곳에서 10시간 동안 삭힌다.
四 삭힌 재료를 큰 솥에 모두 넣어 곤다. 호박과 보리쌀 등 모두가 걸쭉하게 끓여지면 자루에 담아 물을 짜 내고 이것을 큰 솥에 넣고 하루 이상 졸여 엿을 만든다.

무 엿

검은 빛깔의 무엿은 해수와 천식을 치료하는 데 좋은 약으로 많이 알려져 있다. 만들 때 여러 약재를 넣으면 약효가 있다고 전해진다.

【만드는 법】

一 쌀은 불렸다가 맷돌에 갈아 죽을 만들고, 조선무는 깨끗이 씻어 채 썰어 놓는다.

二 엿기름에 따뜻한 물을 붓고 여러 번 박박 치대서 엿기름물을 만든다.

三 따뜻한 죽에 엿기름물을 붓고 6시간 정도 삭힌다.

四 삭힌 재료를 체에 걸러 받은 물을 가마솥에 넣고 끓이다가 무채를 넣고 조린다.

五 주걱으로 떠서 떨어뜨릴 때 엿이 굳어질 정도가 되면 꺼내고, 먹을 때는 숟가락으로 떠 먹는다.

재료 및 분량

쌀 4kg

조선무 2개(2kg)

엿기름 600g

따뜻한 물 1.5L

다양한 엿의 종류 

엿을 만드는 재료에 따라 엿의 종류는 매우 다양하다. 찹쌀 대신 옥수수를 이용한 강냉이엿, 호박을 엿기름과 같이 삭혀서 만든 호박엿이 있으며, 닭고기를 넣어 만든 것은 닭엿이라 한다. 이 외에도 수수엿, 보리엿, 고구마엿, 좁쌀엿, 꿩엿, 돼지고기엿 등이 있다.

닭 엿

재료 및 분량
차조밥 4kg
엿기름 400g
따뜻한 물 2L
닭 1마리
통깨 1컵

제주도의 향토음식이며, 보신용으로 만든다. 닭엿은 수저로 떠서 먹기 때문에 유리병이나 작은 항아리에 담는다.

【만드는 법】
一 시루에 차조밥을 쪄 놓는다.
二 엿기름에 따뜻한 물을 붓고 여러 번 박박 치대서 엿기름물을 만든다.
三 시루에 찐 차조밥이 아직 따뜻할 때 엿기름물을 붓고 10시간 정도 삭혔다가 체에 밭쳐 물을 받아 둔다.
四 받아 둔 물에 깨끗이 손질한 닭고기를 넣고 갈색 엿이 될 때까지 조린다.
五 엿이 숟가락으로 떠질 수 있을 정도로 조려지면 통깨를 넣고 식힌 다음 항아리에 담아 보관한다. 먹을 때는 숟가락으로 떠 먹는다.

꿩 엿

봄철에 약용으로 만든다. 엿을 만들 때 꿩고기 삶은 것을 넣고 곤다. 고추장 정도로 되직하게 고아지면 항아리에 담아 두고 숟가락으로 떠서 먹는다.

돼지고기엿

돼지고기를 삶아 잘게 뜯어서 엿 만들 때 넣고 고아 보양식으로 먹는다.

두부, 순두부

수침시간(시간 비율)은 여름 8시간, 겨울 15시간(콩 : 물=2 : 3) 정도로 한다. 콩을 불릴 때는 마른 콩의 8~10배 물을 붓고 콩이 2.5배가 되도록 불린다. 이렇게 하면 60% 정도의 수분 함량을 갖게 된다.

재료 및 분량
대두 1되(2L)
물 3~4되
간수 $1\frac{1}{2}$국자

【만드는 법 1】

一 대두는 하룻밤 물에 불렸다가 1.5배의 물을 붓고 블렌더에 간 다음 베보자기에 넣고 힘껏 주물러 콩물을 받는다.

二 두꺼운 냄비에 콩물을 붓고 100℃에서 3~4분 동안 주걱으로 저어가며 끓이다가 불을 은근하게 줄여 10분 정도 더 끓인 뒤 불을 끄고 1분간 뜸을 들인다.

三 콩물이 따뜻할 때(75~85℃) 간수를 조금씩 부으면서 주걱으로 천천히 저어 순두부를 만든다.

四 사각 두부 판에 베보자기를 깔고 순두부와 물을 함께 담은 후 무거운 것으로 눌러 두면 두부가 된다.

응고제

- 간수 : 소금공장에서 소금을 쌓아둘 때 공기와 접하여 생기는 물
- 염화마그네슘 : 응고제 등 콩 제품의 2~3%(10~15g)를 50mL의 물에 타서 조금씩 나누어(2~3회) 붓고 서서히 젓는다(시간이 조금 걸린다).
- 황산칼슘 : 물에 2.5% 용액 또는 콩의 2% 정도 사용한다.
- 글루코노 델타 락톤 : 85~90℃ 온도에서 넣는다.
- 식초 : 아무런 응고제가 없을 때 식초로 단백질을 응고시킨다.

두부 만들기 

두부는 불린 콩을 갈아서 끓인 후 베보자기로 콩물을 걸러 만드는 방법과, 불리지 않은 콩을 갈아서 베보자기로 콩물을 받아 끓이는 방법이 있다. 불리지 않은 콩의 건더기는 부침개로 사용할 수 있다.

두부 응고시키기 

콩물에 간수를 붓고 저을 때 속도를 너무 빨리 저으면 잘게 부서져서 응고되는 것을 방해하므로 주의한다.

색두부 만들기 

색두부를 만들려면 당근물, 녹차가루, 쑥가루, 치자물 등을 콩물에 넣어 끓이다가 응고제를 넣어 두부를 만들면 색두부가 된다.

메밀묵

재료 및 분량
메밀 1되(800g)
물 $2\frac{1}{2}$되(2.5L)

메밀묵의 물량 參考

메밀의 앙금은 녹두를 갈아 낸 앙금보다 양이 많으나 끈기가 적으므로 녹두묵과 비슷한 물량으로 잡는다.

끈기가 적은 메밀을 갈아서 웃물은 버리고 만든 앙금에 도토리나 청포묵보다 적은 양의 물을 섞어 묵을 쑨다.

【만드는 법】

一 메밀은 따뜻한 물에 담가 충분히 불려서 씻어 건지고 블렌더에 갈아 고운 가루를 만든다.

二 블렌더에 메밀가루와 물을 넣고 한 번 더 갈아서 체에 밭친 다음 웃물은 따라 버리고 밑의 앙금과 녹말을 받아 둔다.

三 큰 냄비에 물(메밀의 5배, 약 2.5L)을 붓고 펄펄 끓이다가 앙금을 부어가면서 저어 된 죽처럼 끓인다.

四 뜨거울 때 그릇에 담아 야들야들하게 굳힌다.

도토리묵

재료 및 분량
도토리가루 1컵
물 6컵

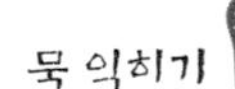

묵이 엉겨서 다 된듯 익었어도 충분히 더 끓이지 않으면 좋은 묵이 되지 않으므로 주의한다.

마른 도토리가루를 충분히 불린 후에 알맞은 양의 물을 넣고 익혀서 그릇에 담아 굳힌 묵이다.

【만드는 법】

一 물 3컵에 도토리가루를 넣어 몇 시간 동안 충분히 불린다.

二 두꺼운 냄비에 물 2컵을 붓고 펄펄 끓이다가 도토리가루물을 조금씩 부으면서 나무주걱으로 재빨리 저어 묵을 쑤고, 너무 되직해지면 나머지 물을 조금씩 더 넣어 충분히 익힌다.

三 뜨거울 때 사각형 그릇에 재빨리 쏟아 굳힌다.

녹두묵_청포묵

녹두를 갈아서 녹두녹말을 만들어 청포묵을 만든다. 녹두의 색이 노란색을 띠기도 하나 최근에는 흰색의 청포묵이 많다.

재료 및 분량
녹두 또는 동부 1컵
녹두녹말 1컵
물 6컵

【만드는 법】

一 녹두는 키로 까불러서 껍질과 잡티를 제거하고 물에 하룻밤 불렸다가 껍질은 골라 버리고 블렌더로 곱게 간다.

二 간 녹두물은 겹으로 만든 소창주머니에 거르고, 거른 물은 잠시 두었다가 윗물은 따라 버리고 밑에 가라앉은 녹말을 받아 말려 둔다.

三 녹말을 말린 것이 한 컵이 되면 물 6컵을 섞어서 충분히 불린다.

四 냄비에 녹말물을 넣고 끓이다가 되직해지면 사각형 틀에 재빨리 쏟아 굳힌 후 적당한 크기로 잘라 낸다.

청포묵_동부묵

재료 및 분량
동부녹말가루 1컵
물 6컵
치자 1/2개

【만드는 법】

一 물 1/2컵에 잘게 부순 치자를 담갔다가 면포나 고운체에 밭쳐 노란 치자물을 만들어 둔다.

二 동부녹말가루에 물 5컵을 부어 2시간 이상 불려 놓았다가 냄비에 넣고 나무주걱으로 저으면서 익힌다. 된 정도를 보아가며 1/2컵 정도의 물을 조금씩 넣으면서 끓인다.

三 묵이 차지게 엉기면 치자물을 조금씩 부어가며 색을 내고 그릇에 담아 굳힌다.

참고문헌

경북대학교 출판부(2003). 음식디미방. 경북대학교 출판부.

김경삼 외(2002). 기초식품학. 지구문화사.

김동환 외(2002). 식품가공저장학. 대학서림.

김연식(2006). 한국사찰음식. 우리출판사.

김종균 외(2004). 농산가공식품의 이론과 실제. 석학당.

김현숙 외(2007). 재미있는 영양이야기. 교문사.

남경희(2003). 최고의 한식밥상. 서울문화사.

문화공보부 문화재관리국(1984). 한국민속종합조사보고서 제15책 – 향토음식. 문화공보부 문화재관리국.

방신영(1917). 조선요리제법. 신문관.

방신영(1942). 조선요리제법. 한성도서.

방신영(1955). 우리나라 음식 만드는 법. 장충도서출판사.

빙허각 이씨(1815). 규합총서.

빙허각 이씨(1915). 부인필지.

서유구(1827). 임원십육지.

선재(2002). 선재 스님의 사찰음식. 디자인하우스.

손정규(1948). 우리 음식. 삼중당.

송재철 외(2002). 최신식품학. 교문사.

안덕준(2004). 식품저장학. 보문각.

윤서석(1999). 식생활문화의 역사. 신광출판사.

이경애 외(2004). 식품가공저장학. 교문사.

이경애 외(2008). 식품학. 파워북.

이성우(1992). 한국고식문헌집성 고요리서 1~7권. 수학사.

이성우(1997). 한국식품 문화사. 교문사.

이용기(1924). 조선무쌍신식요리제법. 영창서관.

작자 미상(1800년대 말). 시의전서.
전희정 외(2000). 한국전통음식. 문화관광부.
정영도 외(2000). 식품조리재료학. 지구문화사.
조자호(1938). 조선요리법. 광한서림.
주나미 · 박상현(2007). 조리과학 및 실험. 파워북.
한국문화재보호재단(2001). 한국음식대관 제4편 – 발효 · 저장 · 가공식품. 한림출판사.
한국의 맛 연구회(2004). 건강 및 간장. 동아일보사.
한희순 외(1957). 이조궁중요리통고. 학총사.
홍석모(1849). 동국세시기.
홍선표(1940). 조선요리학. 조광사.
황혜성 외(1991). 한국의 전통음식. 교문사.
France, Christine(2001). *Cook's Book of Sauces*. London: Southwater Publishing.
Willian, Anne(1997). *Perfect Salads*. London: Dorling Kindersley.
Ziedrich, Linda(1998). *The Joy of Pickling*. Boston, MA: Harvard common press.

찾아보기

ㄱ

ㅂ

ㅅ

ㅇ

ㅈ

ㅊ

저자 소개

전희정

숙명여자대학교 가정학과 졸업
숙명여자대학교 대학원 가정학전공(석사)
Queen Elizabeth College, University of London Graduate 수료
New York University 수학
한양대학교 대학원 식품영양학전공(박사)
프랑스 Le Cordon Bleu Academie de Cuisine de Paris 수학(Diplôme)
Ritz Escoffier Ecole de Gastromomie Fraçaise 수학
전 숙명여자대학교 식품영양학과 교수
현재 숙명여자대학교 한국음식연구원 자문교수

저 서

서양 음식문화: 이론과 조리의 실제(공저, 1984)
실험조리(1995)
단체급식관리(공저, 1999)
식품과 현대인의 건강(공저, 1999)
서양음식(공저, 2000)
한국전통음식(공저, 2000)
마늘이야기(2002)
단체급식종사원의 작업매뉴얼(공저, 2002)
제과제빵: 이론 & 실기(공저, 2002)
맛있는 서양조리(공저, 2003)
Korean Food Guide in English(외국인을 위한 한국음식안내, 2003)
단체급식관리(공저, 2008)
5개 국어로 보는 한국음식 용어사전(2011)

정희선

숙명여자대학교 식품영양학과 졸업
숙명여자대학교 식품영양학전공(석사 · 박사)
Ritz Escoffier Ecole de Gastronomie Fraçaise 수학
The Culinary Institute of America Food Styling & Advanced Decorating Techniques 수료
현재 숙명여자대학교 전통문화예술대학원 식생활문화전공 주임교수

저 서

제과제빵: 이론 & 실습(공저, 2002)
맛있는 서양조리(공저, 2003)
5개 국어로 보는 한국음식 용어사전(2011)

전통저장음식

2009년 4월 10일 초판 발행
2011년 9월 20일 2쇄 발행

지은이 전희정 · 정희선
펴낸이 류 제 동
펴낸곳 (주)교 문 사

책임편집 김수진
본문디자인 우은영
표지디자인 반미현
사진 여상현
제작 김선형
영업 정용섭 · 이진석 · 송기윤

출력 교보피앤비
인쇄 동화인쇄
제본 과성제책사

우편번호 413-756
주소 경기도 파주시 교하읍 문발리 출판문화정보산업단지 536-2
전화 031-955-6111(代)
팩스 031-955-0955
등록 1960. 10. 28. 제 406-2006-000035호

홈페이지 www.kyomunsa.co.kr
이메일 webmaster@kyomunsa.co.kr

ISBN 978-89-363-0978-7 (93590)

* 잘못된 책은 바꿔 드립니다.
값 25,000원